卷首语

新年的到来往往是大家互致祝福、彼此鼓励、其乐融融的时刻。此刻，想必那些通过了我国首次一级建造师执业资格考试的考生心里一定更荡漾着灿烂的笑容。他们连同全国19585名通过了一级建造师执业资格考核认定的专业人士一起荣幸地成为首批中国建造师队伍的中坚和脊梁。在此，《建造师》向你们表示由衷的祝贺！同时，也预祝暂时还未通过考试的考生再接再厉，早日成功！

承载着读者、作者、编者厚望的《建造师》丛刊第二期现已出版。在编者的精心准备下，本期可谓亮点纷呈、内容充实。有对去年首次一、二级建造师执业资格考试情况及考生感想、应试技巧的归纳提炼，也有建设部对于建造师考试注册相关具体工作的文件、通知；既有2005建造师国际论坛所透露的高层声音，又有对我国建造师制度的前瞻与思考；既有完善我国建造师制度的理论探讨，更有对磁浮上海线等经典案例的详细剖析。从本期起我们将创建"建造师俱乐部"，还为您准备了读者调查表，热切地欢迎您加盟并留下宝贵意见。我们将竭诚为您服务。

众所周知，建造师执业资格制度是我国建设领域一项有重大影响的制度创新，还有一个不断完善的历史过程，建造师又是实践性很强的职业。为此，建设部正会同相关部委及行业协会、中央企业代表共同制定注册建造师管理规定，在对建造师的注册、执业、继续教育、权利与义务、法律责任等进行充分调研的基础上，让政府主管与企业用人选择合理分工，使得那些有较丰富实践经验能干会干的专业人士脱颖而出，充分发挥自己的才干；相反，将严格控制那些只善于纸上谈兵而缺乏实践经验的人进入建造师执业队伍。原则是只有通过了执业资格考试并具备相应的实践经验者才能注册，只有经过注册登记后，方可以建造师名义执业，以保证建设工程管理的实际需要，让我们的建造师更好地在中国的工业化、城镇化、市场化和国际化进程中担当重任。

《建造师》将始终在这一进程中与您相伴，本着"关注建造师、建造师关注"的价值追求，真正成为中国建造师的好参谋。

图书在版编目(CIP)数据

建造师2/《建造师》编委会编.—北京：中国建筑工业出版社，2006
ISBN 7-112-08029-0

Ⅰ.建… Ⅱ.建… Ⅲ.建造师—资格考核—自学参考资料 Ⅳ.TU

中国版本图书馆CIP数据核字(2006)第008611号

主　编　欧阳东
责任编辑　张礼庆
特邀编辑　杨智慧　魏智成　白　俊

《建造师》编辑部
地址：北京百万庄中国建筑工业出版社
邮编：100037
电话：(010)58934828　58934833(传真)
E-mail:jzs@cabp.com.cn

建造师 2
《建造师》编委会编
*
中国建筑工业出版社出版、发行(北京西郊百万庄)
新华书店经销
北京天成排版公司制版
世界知识印刷厂印刷
*
开本：880×1230毫米　1/16　印张：5¼　字数：180千字
2006年2月第一版　2006年2月第一次印刷
定价：10.00元
ISBN 7-112-08029-0
(13982)
版权所有　翻印必究
如有印装质量问题，可寄本社退换
(邮政编码100037)
本社网址：http://www.cabp.com.cn
网上书店：http://ww.china-buiding.com.cn

卷首语

特别关注

1　全国一级建造师执业资格首次考试评析　　缪长江　杨智慧　魏智成
5　全国一级建造师执业资格首次考试合格率汇总表
6　完善二级建造师执业资格考试制度的建议　　江慧成
8　2005年二级建造师执业资格考试报名情况表
9　2005建造师国际论坛综述

专家论坛

10　工程管理相关执业资格制度的比较研究　　王雪青　杨秋波
15　建造师专业知识和技能在工程建设管理中的体现　　侯社中　李月英
18　完善建造师执业资格制度　推进施工企业良性发展　　张雪松　赵世强

漫话建造师

21　论中国建造师的培养与教育　　李　辉　胡兴福
25　建造师应具备的IT能力　　包晓春

国际建造师

27　英国特许建造学会的专业资格、教育框架以及国际认可
　　迈克·布朗　刘梦娇
29　日本的建设技术管理者制度　　古阪秀三
34　英国建筑领域专业学会的作用与启示　　李世蓉

研究与探讨

36　关于建立我国建造师协会的思考　　张仕廉　刘伟
41　国内建筑市场前景展望

考试指南

44　建造师考试感想与技巧　　佚　名

工程实践

46　磁浮上海示范线线路轨道系统设计和施工的关键技术　　吴祥明

49	EPC工程总承包与建造师	唐江华 乌力吉图 王洪涛
52	建设工程施工合同风险管理	邓新娣
56	防患于未然，从北京西单西西4号地工程事故想起	仝为民

政策法规

58 关于进一步完善建筑施工企业一级项目经理数据库，规范项目经理资质证书管理的通知

59 人事部人事考试中心关于做好2005年度一级建造师执业资格考试考务工作的通知

61 关于2005年度二级建造师资格考试指导合格标准有关问题的通知

61 关于2004年度一级建造师资格考试合格标准有关问题的通知

61 关于委托建设部执业资格注册中心承担建造师考试注册等有关具体工作的通知

62 关于印发《二级建造师考试大纲修订工作会议纪要》的通知

63 关于外国人在中国就业持职业资格证书有关问题的函

63 关于对《建设工程项目经理岗位资格管理导则》中有关问题的复函

63 关于开展建筑施工安全质量标准化工作的指导意见

65 关于加强房屋建筑和市政基础设施工程项目施工招标投标行政监督工作的若干意见

热点解答

68 取得建造师执业资格后将获得什么样的证书等

信息之窗

69 中央经济工作会议、全国建设工作会议召开等

建造师风采

73 驾驭"鸟巢"——记一级建造师、国家体育场工程总承包部经理谭晓春

76 锐意进取 争做表率——记一级建造师、中国交通建设集团公路一局总经济师陆建忠

建造师书苑

77 评《中国建筑业改革与发展研究报告(2005)》等

79 征稿启示、招聘启示

80 欢迎加盟"建造师俱乐部"

因《建造师》丛刊尚处于初始发展阶段，可能在近期不能定期出版发行。

《建造师1》出版后有许多读者打电话来咨询征订事宜，为感谢广大读者的关爱，即日起，凡一次订购6期的读者即能享受8折优惠，免费邮寄；并可直接申请参加"建造师俱乐部"，享受更多优惠。

订购款请汇至：中国建筑工业出版社《建造师》编辑部
邮编：100037

本社书籍可通过以下联系方法购买。
本社地址：北京西郊百万庄
邮政编码：100037
发行部电话：(010)58934816
传真：(010)68344279
邮购咨询电话：
(010)88369855 或 88369877

《建造师》顾问委员会及编委会

顾问委员会主任：黄 卫　姚 兵

顾问委员会副主任：赵 晨　王素卿　王早生　叶可明

顾问委员会委员（按姓氏笔画排序）：

刁永海	王松波	王燕鸣	韦忠信
乌力吉图	冯可梁	刘贺明	刘晓初
刘梅生	刘景元	孙宗诚	杨陆海
杨利华	李友才	吴昌平	忻国梁
沈美丽	张 奕	张之强	张金鋆
陈英松	陈建平	赵 敏	柴 千
骆 涛	徐义屏	逄宗展	高学斌
郭爱华	常 健	焦凤山	蔡耀恺

编委会主任：丁士昭

编委会副主任：江见鲸　缪长江

编委会委员（按姓氏笔画排序）：

王秀娟	王要武	王晓峥	王海滨
王雪青	王清训	石中柱	任 宏
刘伊生	孙继德	杨 青	杨卫东
李世蓉	李慧民	何孝贵	何佰洲
陆建忠	金维兴	周 钢	赵 勇
贺 铭	贺永年	顾慰慈	高金华
唐 涛	唐江华	焦永达	楼永良
詹书林			

海 外 编 委：

Roger. Liska(美国)

Michael Brown(英国)

Zil lante(澳大利亚)

全国一级建造师执业资格首次考试评析

◆ 缪长江　杨智慧　魏智成

一、引言

2005年12月15日，人事部《关于2004年度一级建造师资格考试合格标准有关问题的通知》(国人厅发〔2005〕155号)公布了2004年度全国一级建造师执业资格考试的合格标准。据此，各地分别公布了本地一级建造师执业资格考试结果。我国首批通过考试取得执业资格的一级建造师的产生，标志着我国建造师执业资格制度从建立走向了全面发展的阶段。建造师执业资格制度的建立和完善，对于提高我国工程建设质量和确保施工安全具有重要意义，同时对我国高等教育尤其是高等职业教育改革也将产生深远的影响。

2002年12月5日，人事部、建设部联合发布了《关于印发〈建造师执业资格制度暂行规定〉的通知》(人发〔2002〕111号)，明确"国家对建设工程项目总承包和施工管理关键岗位的专业技术人员实行执业资格制度，纳入全国专业技术人员执业资格制度统一规划"。2003年2月27日《国务院关于取消第二批行政审批项目和改变一批行政审批项目管理方式的决定》(国发〔2003〕5号)规定："取消建筑施工企业项目经理资质核准，由注册建造师代替，并设立过渡期。"据此，建设部于2003年4月23日发布了《关于建筑业企业项目经理资质管理制度向建造师执业资格制度过渡有关问题的通知》(建市〔2003〕86号)，明确了过渡期及有关问题。特别需要注意的是"建市〔2003〕86号"文规定："过渡期满后，大、中型工程项目施工的项目经理必须由取得建造师注册证书的人员担任；但取得建造师注册证书的人员是否担任工程项目施工的项目经理，由企业自主决定。"上述系列政策为建造师执业资格制度的建立和发展提供了制度保障，其中考试制度构成整个建造师执业资格制度的一个不可或缺的有机部分。

注册建造师作为建筑工程建造的直接组织者、管理者，对工程建设的质量、安全、成本、工期等承担直接责任。为了确保通过考试的一级建造师水平，下面对一级建造师执业资格首次考试进行初步评析，以飨读者。

二、一级建造师执业资格考试试卷的构想

2004年6月25日，建设部建筑市场管理司发布了《关于印发〈建造师执业资格考试命题有关问题会议纪要〉的通知》(建市监函〔2004〕20号)，明确了一级建造师执业资格考试命题工作的有关问题，其中规定了一级建造师考试的科目、时间、题型、题量和分值分配等。

三、一级建造师执业资格首次考试的特点

1. 涉及的行业多

一级建造师分房屋建筑工程、公路工程、铁路工程、民航机场工程、港口与航道工程、水利水电工程、电力工程、矿山工程、冶炼工程、石油化工工程、市政公用工程、通信与广电工程、机电安装工程、装饰装修工程14个专业，基本涵盖了工程建设的所有行业。

2. 报考的规模大

注册建造师具有"一师多岗"的执业特点，它近期以建设工程施工管理为主，

序号	科目名称	考试时间(小时)	题型	题量	满分
1	建设工程经济	2	单选题　多选题	单选题60 多选题20	100
2	建设工程项目管理	3	单选题　多选题	单选题70 多选题30	130
3	建设工程法规及相关知识	3	单选题　多选题	单选题70 多选题30	130
4	专业工程管理与实务	4	单选题　多选题　案例题	单选题20 多选题10 案例题5	160 其中案例题120分

兼顾工程总承包，远期将逐步向工程项目管理拓展，所以报考建造师的规模必然超过现有工程建设领域所有执业资格报考规模的总和。据统计，2004年度全国报考一级建造师执业资格考试的人员超过了28万。

3．全部实现了网上阅卷

全国一级建造师执业资格考试4个科目、14个专业的客观题和主观题全部实现了自动读卡或计算机网上阅卷。大大提高了阅卷速度和质量，提高了分数登记汇总的效率。在全部阅卷工作中主观题的阅卷难度最大。主观题实现计算机网上阅卷可以保证主观题阅卷的科学、客观、公正和准确。主观题计算机网上阅卷的特点，能够实现网上检测每位阅卷人的阅卷质量，保证"二阅"人员的打分不受"一阅"人员的打分暗示，这种将一份试卷同时分配给不同人评阅的做法，在管理上和技术上可以实现最大限度的客观性和公正性。

4．试题无质量事故

14个专业的17套试卷，没有发生试题质量事故。从考试开始到目前为止，17套试卷尚未发现错误试题，也未有任何关于试题错误的举报。

5．无保密责任事故

全国首次一级建造师执业资格考试从命题、考试、阅卷到公布成绩，涉及的环节和人员众多，目前尚未发现有泄密现象和出现任何保密责任事故。

6．首次考试实现百分制60分合格

全国一级建造师执业资格首次考试各科目都实现了百分制60分合格的目标，没有通过调整合格分数线来控制通过率。

四、首次考试评析

2004年度全国报考一级建造师执业资格规模为28万人。考试总通过率为29.6％，其中报考4科的合格率为28.23％，报考2科的（符合免试部分科目）合格率为48.73％。

按专业分：房屋建筑工程33.42％、公路工程20.98％、铁路工程29.55％、民航机场工程22.22％、港口与航道工程34.75％、水利水电工程27.55％、电力工程24.35％、矿山工程24.75％、冶炼工程26.65％、石油化工工程31.24％、市政公用工程26.64％、通信与广电工程21.24％、机电安装工程30.35％、装饰装修工程23.81％。从专业角度考察，通过率大体上是平衡的。总体上看全国首次一级建造师执业资格考试是平稳的，取得了巨大成功。

从实际调查和统计分析来看，全国一级建造师执业资格首次考试的质量是基本满意的，各科目的考试时间、题型、题量以及试卷的结构设计基本合理。

2005年3月14日首次考试一结束，建设部市场司在京组织了考试值班专家(即命题专家)与部分参加考试的人员进行座谈，了解试题的有关情况。参加座谈会的考试人员涉及建造师的14个专业，他们有考4科的，也有考2科的，有参加工作20多年的中年同志，也有参加工作刚满5年的年轻同志，有长期在一线担任一级项目经理的同志，也有在工程管理部门从事工程管理的同志，人员组成比较有代表性。大家对试卷的效度和难度发表了自己的看法，大家认为考试内容基本符合一级建造师的执业要求，难度比较适中。尤其需要注意的是，从事工程施工间接管理工作的考试人员认为实务科目的案例比较难考，而长期在施工现场从事施工管理的考试人员认为实务科目的案例比较符合实际，比较容易作答。从考试的通过情况来看与调查的情况也基本吻合。如前面提到的，在14个专业中报考4科的合格率约为27％，考2科（符合免试部分科目）的合格率约为48％。当然，免试部分科目的合格率应该比不免试的合格率高，但从两者的比例来看，长期从事施工管理并担任一级项目经理的考试人员其整体执业能力要高于其他考试人员整体执业能力的实际情况在考试中得到了较好体现。这不仅反映了考试是成功的，同时也反映了全国一级建造师执业资格考试大纲是科学的、实用的，是基本符合实际要求的，也基本体现了建设部提出的一级建造师执业资格考试大纲要遵循"五个特性"、"六个结合"的要求。即体现"综合性、实践性、通用性、国际性和前瞻性"；坚持"与建造师的定位相结合，与高校专业学科设置相结合，与现行工程建设标准相结合，与现行法律法规相结合，与国际通行做法相结合和目前项目经理资质管理向建造师执业资格制度平稳过渡相结合。"

正如前面所说的，首次考试没有发生试题质量事故和保密责任事故。尽管这是对考试的基本要求，但对于全国一级建造师执业资格首次考试来说难度是非常大的。14个专业、17套正式试卷需要上百名专家直接参与命题工作和审题工作，从命题到考试涉及的人员多、环节多，整个过程都涉及质量控制和保密问题，没有科学管理、系统组织和过硬的专家队伍是难以做到的。

以百分制60分合格为标准，整体合格率29.6％的结果来看，从另一个侧面也反映了命题的质量。这样的结果，与其他执业资格首次考试通过控制分数线（上调或下调）来控制合格率取得的效果基本相同。这是对命题工作的一个重要考验。

建造师执业资格制度建设是一个系统工程，这个系统的一个显著特点就是考试，考试质量的好坏关系到制度的建设问题。全国一级建造师执业资格首次考试有许多值得以后借鉴和继续发扬的地方，从提高考试质量的角度来看，从完善建造师执业资格制度建设方面来看，又有许多值得完善和改进的地方。

五、主要经验

全国一级建造师执业资格首次考试14个专业能够同时启动并顺利完成，是与

有关部门的组织领导,有关行业、有关专家的大力支持分不开的。成功的经验主要体现在以下4个方面:

1. 组织保障

建造师执业资格制度由人事部、建设部共同设立,两部负责制度的研究和政策的制定。人事部人事考试中心、建设部执业资格注册中心承办具体考试工作。这项执业资格还涉及到国务院其他具有建设行政管理职能的有关部门。考试大纲的编写及考试命题等有关工作由建设部负责,国务院有关部门及有关行业参加共同完成。有关部门的有力组织,参与部门及有关行业的通力配合为14个专业考试的同时启动和成功举行提供了组织保障。

2. 专家队伍建设

专家队伍的建设关系到大纲的编写质量和考试的命题质量。大纲编委组成:有高等院校工程建设领域知名的教授,有大型工程企业的总工程师,有长期在施工管理一线具有丰富管理经验和一定理论水平的实践专家等。在命题专家队伍中,较好地处理了大纲编委成员与非大纲编委成员的关系,"理论专家"与"实践专家"以及同时具有较高理论水平和比较丰富实践经验专家的比例关系,命题专家和审题专家之间的关系以及专家队伍稳定与更新的关系等。在专家队伍建设中充分发挥了有关部门和有关行业的积极作用,从而进一步保证了专家的权威性和代表性。

3. 技术支持

不管是大纲编写之前还是考试命题之前,建设部都组织了有关专家进行反复研究和论证,研究大纲编写和考试命题的有关技术问题,以指导大纲编写和考试命题工作。这是"软技术"。在阅卷方面,尤其是工程管理与实务科目案例的阅卷全部实现了计算机网上阅卷。为保证主观题阅卷的更科学、更客观提供了物质保障。这是"硬技术"。

4. 命题指导

有关部门的科学指导为考试的成功举行,尤其在试题难度、效度、区分度和信度方面起到了重要作用。建设部在大纲编写过程中以及考试命题之前,曾多次进行深入调查研究,了解现有施工项目经理的有关情况,为大纲编写尤其是命题工作提供了针对性很强的指导。

由于是首次考试,尽管部分专家有其他执业资格考试的命题经验,但所有专家都没有建造师执业资格考试的命题经验。建设部就如何准确把握大纲、如何处理好大纲与命题的关系等提出了操作性很强的指导性意见。

(1)科学性原则

考试大纲是考试命题的依据。建设部要求命题专家要认真分析大纲的结构,分析大纲的侧重,分析大纲知识点的分布,从大纲的结构、知识点分布和知识点的侧重来准确把握大纲对建造师知识与能力的要求,将建造师执业的近期目标与远期目标相结合,保证试题、标准答案的正确性、科学性和严谨性,处理好实务科目技术、管理、法规的比例关系,充分考虑理论知识与实际能力的关系,在不降低标准的前提下考虑项目经理存量的转化问题,力求对那些能考不能干和具有丰富实践经验、具有较强实践能力的应考人员进行较好区分,从而提高考试的效度、信度和区分度。

(2)严谨性原则

严谨性是对试题和标准答案的一个重要要求,对试题的表达和描述要准确和严密,不能有歧义,要有利于考生对题目的阅读和理解。

(3)实用性原则

建造师执业资格考试是一个考知识,更重解决实际问题能力的考试,它不同于学历教育考试。命题要求正确处理把握理论与实践的关系,知识与应用的关系,纯理论性的概念、知识尽量少考或不考,即便要考也要注意命题的方式。这是建造师执业资格考试与学历教育考试的主要区别。

(4)正确性原则

保证试题和标准答案的正确性是对命题工作的基本要求。除了正确掌握以上几个原则之外,还应注意表达有错的知识不能考,过时的知识(法规、标准等)不能考,有争议的知识不能考。在命题过程中如果发现这样的知识点存在,要详细记录有关问题以作为大纲修订时的重要依据。

(5)一致性原则

一级建造师执业资格考试是"3+1"的考试,即3个综合科目加一个实务科目的考试。综合试卷考的是通用的理论和基础知识,专业试卷考的是专业技术、专业法规和解决实际问题的综合能力,侧重对理论、知识的应用。保持专业科目与综合科目之间的一致性可以避免两者的重复和矛盾。

(6)均衡性原则

均衡性原则考虑主要是各专业之间的难度要大体相当,避免难易差别过大。

(7)公平性原则

按照大纲的要求进行命题,不超纲是保证考试公平的重要原则。在此基础上还应注意三个问题。第一、不能覆盖本专业全部考生的知识不能考,知识的检验要注意行业的覆盖面,处理好多数考生与少数考生的关系。如果要考这样的知识点,其难度要适当降低,分值要适当减小。这样可以避免出"偏题"。第二、如果出现综合科目与专业科目对相同知识点解释不一致的情况,只要答案正确在评卷时都应视为正确。例如不同行业规定或标准对一些指标的解释可能不同,如果试题没有限定,只要考生依据题意正确作答,其结果都应判为正确。当然,命题过程中要着力避免这种情况的发生。第三、如果出现错题,不论答案是否正确都应给分。

(8)完整性原则

完整性主要是对实务科目案例标准答案的具体要求。案例是检验应试人员解决实际能力的试题,在考虑标准答案时要力求标准答案的唯一性，但管理实践证明有时解决问题的途径并不唯一，答案也不唯一。在这种情况下保证标准答案的完整性就成了保证考试科学性、公平性的必要手段。为此在进行案例题正式阅卷之前，要对抽样试卷进行试阅卷，进一步保证标准答案的正确性和完整性。

（9）可操作性原则

可操作性也是对案例标准答案的具体要求。标准答案在保证正确性、完整性的基础上还要保证可操作性。只有这样，才能指导阅卷工作，才能降低案例的评分误差，进一步保证考试的公平性。

（10）保密性原则

保密问题既涉及法律问题，也涉及公平性问题。为了搞好保密工作，要求所有涉密人员都要签订保密协议书，所有保密环节有关涉密人员都形成一个保密链。不管哪一道题发生泄密事故，都可以迅速查找有关涉密人员并进行责任追查。

为了保证命题质量，明确分工，责任到人，在不同阶段进行质量控制。首次命题工作大致分：试命题、正式命题、初审、终审以及进厂校印等5个阶段，严把试题质量关和水平关。这些措施的实施确保了命题工作及相关工作的顺利完成，保证了一级建造师执业资格首次考试的成功举行，成功实现了既定目标。

六、有待完善的方面

首次考试已经结束，但建造师制度的完善工作刚刚开始。通过首次考试的检验，建造师执业资格考试工作需要在大纲修订、专家队伍建设、命题模式改革等方面进行不断完善和改革。据悉，许多工作目前都在有关部门的组织领导下有条不紊地进行。从中国建造师网（www.coc.gov.cn）上可以看到，在考试大纲修订、专家队伍建设等方面，建设部做出了相应的部署。据悉，命题模式改革方面的研究课题，被列为建设部2005年部级研究课题，专门组织有关专家研究考试命题改革方面的问题。从建造师制度建设长远发展和有利于队伍整体素质提高以及对考试补充的角度来看，仍有两个方面的问题需要深入研究。

1．专业的设置问题

从有利于建筑业企业项目经理资质管理制度向建造师执业资格制度平稳过渡以及我国的管理体制来看，一级建造师在启动阶段设14个专业有其必要性和科学性。从我国的考试规模，从工程的不同类别以及提高考试的质量方面来看，一级建造师划分不同的专业有其科学性和合理性。从专业之间的关系以及个别专业的报考规模来看，有必要对现有专业进行一定的调整。但专业调整难度是非常大的。第一、要考虑现有管理体制问题。第二、要考虑调整后考试大纲的科学性、实用性问题。第三、要考虑如何命题的问题，依据新大纲能测试出报考人员的执业能力等问题。

2．继续教育的配套方面

执业资格考试是准入性考试，不是最高水平的考试。而且考试大纲也不可能对所有的技术、知识、能力提出考试要求。新技术、新标准、新法规是对注册建造师进行继续教育的重要内容，这样的教育是必须的也是应该的。专业的调整必然要向扩大执业工程范围的方向发展，新大纲的编写既要考虑科学性又要考虑可行性的问题，大纲考虑更多的可能是"共性"的知识、技术、标准等，这样的处理可能会导致对执业知识、技术的要求与执业的工程范围不对等的现象。这样的问题在继续教育中应予以考虑，让注册人员在继续教育中可以有选择地学习没有进入考试大纲的非常重要的"个性化"的知识、技术、标准等，因为那些"个性化"的知识、技术、标准等不一定是新的，但对于处于前沿的执业者来讲却是必要的，同时对考试大纲来讲或许也是一个必要补充。

建造师制度建设是一个大系统工程，需要不断地改进、不断地完善，考出知识、考出能力是建造师执业资格考试需要长久研究的课题。希望本文对完善建造师执业资格考试制度有所裨益，也希望通过本文能激发有志研究建造师制度之士献计献策。

施工中的国家大剧院　　　　摄影：欧阳东

全国一级建造师执业资格首次考试合格率汇总表

单位：人

地区代码	地 区	报 考	实 考	缺 考	合 格	合格率(%)		
						两科	四科	合计
11	北 京	17407	14047	3360	5084	56.11	33.93	36.19
12	天 津	7329	6038	1291	1625	45.55	24.96	26.91
13	河 北	13038	11714	1324	3564	46.37	29.39	30.43
14	山 西	7807	6752	1055	1669	44.51	23.13	24.72
15	内蒙古	5422	4665	757	966	41.22	20.04	20.71
21	辽 宁	10025	8665	1360	2334	43.81	25.5	26.94
22	吉 林	5943	5153	790	1047	38.58	19.37	20.32
23	黑龙江	8289	7029	1260	2095	40.36	28.89	29.81
24	大 连	2341	2110	231	580	50.43	26.17	27.49
31	上 海	11429	9562	1867	3435	57.93	33.51	35.92
32	江 苏	19710	16622	3088	5978	57.2	34.88	35.96
33	浙 江	21630	17685	3945	6158	49.55	33.93	34.82
34	安 徽	7437	6338	1099	2294	57.35	34.74	36.19
35	福 建	5461	4503	958	1708	64.91	35.45	37.93
36	江 西	6413	5194	1219	1243	39.76	22.83	23.93
37	山 东	16764	14308	2456	4509	44.92	30.52	31.51
41	河 南	14142	12391	1751	3749	47.92	29.28	30.26
42	湖 北	11688	10347	1341	3030	45.42	27.63	29.28
43	湖 南	10815	8927	1888	2605	49.91	27.87	29.18
44	广 东	25345	21664	3681	6715	56.72	29.6	31
45	广 西	6677	5738	939	1409	57.07	23.35	24.56
46	海 南	1098	925	173	242	50.75	24.24	26.16
51	四 川	11277	9726	1551	2662	44.18	26.14	27.37
52	贵 州	2665	2633	32	461	38.46	15.71	17.51
53	云 南	4749	3797	952	730	45.12	17.43	19.23
54	西 藏	120	78	42	10	0	13.16	12.82
55	重 庆	5095	4293	802	1333	48.28	29.8	31.05
61	陕 西	7336	6420	916	1428	40.04	20.73	22.24
62	甘 肃	2599	2161	438	437	31.07	19.25	20.22
63	青 海	731	616	115	98	39.06	13.22	15.91
64	宁 夏	1125	1011	114	215	38.3	20.44	21.27
65	新 疆	6823	5980	843	943	32.34	14.99	15.77
66	建设兵团	1721	1531	190	274	25.58	17.67	17.9
	合 计	280451	238623	41828	70630	48.73	28.23	29.6

特别关注

完善二级建造师执业资格考试制度的建议

◆ 江慧成

一、引言

全国首次二级建造师执业资格考试已经全面启动，除云南省是自行命题并组织考试之外，全国有28个省、自治区、直辖市采用统一试卷并于2005年11月19、20日顺利完成了考试工作，广东、黑龙江两省也采用统一试卷并将于2006年3月11、12日举行考试。自2002年12月5日人事部、建设部发布《关于印发〈建造师执业资格制度暂行规定〉的通知》（人发〔2002〕111号）以来，全国首次一、二级建造师执业资格考试均已成功举行，建造师执业资格考试制度已经全面实施并走上了完善和发展的道路。从考试的组织形式来看，二级考试和一级考试有很大的不同。一级建造师执业资格考试是全国统一考试大纲、统一命题、统一组织，通过考试取得的执业资格证书全国有效。关于二级建造师考试制度"人发〔2002〕111号"文（后面简称"111号文"）规定：二级建造师执业资格实行全国统一大纲，各省、自治区、直辖市命题并组织考试的制度；建设部负责拟定二级建造师执业资格考试大纲，人事部负责审定考试大纲；各省、自治区、直辖市人事厅（局），建设厅（委）按照国家确定的考试大纲和有关规定，在本地区组织实施二级建造师执业资格考试；二级建造师执业资格考试合格者，由省、自治区、直辖市人事部门颁发由人事部、建设部统一格式的《中华人民共和国二级建造师执业资格证书》；该证书在所在行政区域内有效。在实际操作中，二级建造师考试的命题方式与"111号文"的规定有所不同。全国30个省、自治区、直辖市自愿采用建设部提供的试卷在规定时间进行统一考试，考务工作和阅卷工作由各地自行组织。这样的变化应该说是对二级建造师执业资格考试制度的完善和科学发展。本文将分析原规定的利弊，探究这种改变的原因，就实施中取得的经验和存在的问题谈一些看法，并就二级建造师考试制度的建设提出意见或建议。

二、利弊分析

"111号文"对二级建造师执业资格考试制度的规定有其合理性，也有其局限性。该文可能考虑了各地发展的不平衡，并充分考虑了发达地区和中西部地区的差异问题，由此规定了各地自己命题并自行组织考试，同时限定取得的执业资格证书在所在行政区域内有效。从近期来看，这一规定赋予了各地解决本地实际问题的充分权利，有利于制定出符合本地实际情况的政策。限定二级证书在所在行政区域内有效的规定有其合理性和公平性，但考虑的应该主要是公平性问题。从长远来看，如果各地根据自行命题并组织考试，就会带来命题成本高、资源浪费等相关问题，同时这样的考试方式也不利于二级建造师的流动。

1. 命题成本高

二级建造师是"2+1"的考试，即2个综合科目和一个专业科目。二级建造师的专业分为10个专业。如果各地自行组织命题，那么31个省、自治区、直辖市都成立12个命题专业小组，每个命题小组的命题专家（含审题专家）按7人计算，全国就需要2504（7×12×31）名左右的专家参加命题和审题工作。每个省、自治区、直辖市的每个科目至少要命两套试题，全国的命题总量就会十分庞大，而且具体到某个省某个专业哪怕只有1名考生也要为他命两套试题。占用大量专家资源和有关服务资源进行重复劳动，以及庞大的成本支出是各地自行命题面临的主要问题。

2. 命题组织难度大

2504名专家参加命题和审题工作同时会使得命题组织难度增大。组织难度大不仅体现在专家队伍2504比84的数量之比上，还存在涉密人员多，保密难度大的问题。此外，一些地方组织完整的命题专家和审题专家队伍可能也会存在不少困难。

3. 不利于二级建造师流动

在区域经济乃至全球经济一体化的趋势下，在全球市场高度开放的今天，国内建筑业企业进行跨省作业，执业人员进行跨省执业是必须的。如果各地自行命题可能就会出现难易差别过大，标准不一的结果，从而对二级建造师的流动造成障碍，至少会增加二级建造师流动的成本。

针对这些问题不少省、自治区、直辖市以及部分国资委管理的企业向有关部门建议，由建设部统一组织命题，研究并解决二级建造师的流动问题。

三、取得的经验和存在的问题

根据各地的意见和建议，建设部组织有关省、自治区、直辖市的有关主管人员，研究地方二级建造师执业资格考试的操作性问题，商有关部门提出了解决问题的意见和建议，相继发布了有关文件（见中国建造师网：www.coc.gov.cn）征求各地的意见和建议，并为各地的考试命题提供服务工作。2005年3月25日印发了《关于征求二级建造师考试命题方式意见的函》（建办市函〔2005〕147号），征求各地对二级建造师考试命题方式的意见。2005年6月23日向有关省级建设主管部门印发了《关于推荐使用二级建造师执业资格考试题库有关事项的通知》（建办市〔2005〕57号），明确了选用题库试题进行考试的一些问题。尤其是2005年7月25日印发了《关于印发〈王早生同志在二级建造师执业资格制度座谈会议上的总结讲话〉的通知》（建市监函〔2005〕44号），该通知是一个操作性很强的指导性文件。《总结讲话》明确了各方的分工和职责，明确了有关工作进度，明确了二级建造师执业资格考试的其他问题。在不改变"111号文"有关规定的前提下《总结讲话》提出的命题模式是"四方"合作的命题模式。需要注意的是，《总结讲话》特别强调了两点，第一、二级建造师管理权限，包括命题、考试、注册、执业等职责在地方，我们不予干预，我们提供的试题库仅仅是服务性质的，各地是否采用，完全由各地自行决定。第二、二级建造师执业资格制度管理权限在地方，各地可以自行组织命题，也可选用全国统一提供的考试试题库，采用哪种方式完全由各地根据实际情况自主决定。但是，不管采用哪种方式，请各地建设行政主管部门及时主动与当地人事部门、物价部门协调落实有关工作，保证工作顺利开展。该模式既降低了命题成本，又为以后二级建造师的互认和流动创造了条件，同时也没有改变地方对二级建造师的管理权限，仍然给予了地方解决地方实际问题的权利。在"四方"合作模式中，上级政府部门不单单是进行指导和管理，更多的是提供服务。

从2005年度28个省、自治区、直辖市二级建造师执业资格考试的报名情况来看，一些专业在许多省的报名人数都在10人以下，个别地方还出现1人报名或无人报名的情况。采用统一试卷进行考试大大降低了命题成本，达到了预期目的。"四方"合作模式是一种创新，既提高了命题效率降低了命题成本，又没有改变地方管理二级建造师的具体权限，从总体运行情况来看是令人满意的。但从目前来看仍有两个问题需要进一步研究并注意解决。

1. 合格标准问题

如果参加统一考试的地方各自确定合格标准线，就可能出现各地的合格线差别过大的情况，如果给出统一的合格标准线又可能面临各地通过率过高和过低的问题。

2. 阅卷效率问题

如果各地确定统一合格标准线，就必须对各地的考试情况进行分析。这样就会面临一个整体效率问题。由于各地自行组织考试和阅卷工作，在时间方面和专家队伍的力量方面各地存在着不小的差异，这些差异非常容易影响分析工作，进而影响考试结果的公布时间。

四、意见和建议

1. 关于合格标准问题

既然实现了统一考试，就应该有一个合格标准参考线。合格标准参考线的确定既要考虑互认的公平性问题，也要注意各地发展的不平衡性问题。这就需要对各地的考试情况进行分析，在分析的基础上给出一个合格标准线和合理的浮动范围。这样就可以最大限度地解决互认问题，同时又兼顾到了各地的水平差异。

2. 关于阅卷效率问题

由于命题和试阅卷是统一组织的，所以命题效率和试阅卷效率都能够得到保证。为了提高阅卷效率，建议有关部门在现有条件下加强对各地阅卷工作进行指导，避免由于各地进度差异过大而影响下一年度的考试工作。

3. 关于二级建造师考试制度的建设问题

2005年度全国有参加统一命题考试的，也有自行命题并组织考试的，以后的格局可能会有新的变化。从目前来看，全国是统一大纲、统一证书格式的"两统一"，30个省、自治区、直辖市还实现了统一命题、统一考试、统一评分标准的"五统一"。从长远来看，二级建造师应实行"六统一"。即：统一考试大纲、统一命题、统一考试、统一合格标准、统一执业要求、统一证书格式。"六统一"既可以降低命题成本，建立统一的试题库，也有助于实现二级建造师的全国流动，还有助于促进落后地区的进步和发展。为此，建议有关部门考虑修改"111号文"的有关条款，为二级建造师考试制度的完善和发展提供政策上的保证和支持。

2005年二级建造师执业资格考试报名情况表

地区	建设工程施工管理报考人数	建设工程法规及相关知识报考人数	房屋建筑报考人数	公路报考人数	水利水电报考人数	电力报考人数	矿山报考人数	冶炼报考人数	石油化工报考人数	市政公用报考人数	机电安装报考人数	装饰装修报考人数
全国合计	282877	294707	184188	17513	12861	12900	745	518	1895	31280	22865	19985
北京市	9243	9753	4649	243	299	892	5	3	44	1155	1389	1248
天津市	6690	6973	3391	208	221	301	1	1	216	885	1322	507
河北省	15204	15980	11099	906	396	607	64	47	213	952	812	895
内蒙古自治区	13157	13493	10039	1183	495	456	13	40	1	579	483	275
辽宁省	7794	8047	4376	499	284	534	9	13	54	586	1192	463
吉林省	6068	6277	3551	684	457	290	2		52	777	349	184
山西省	11353	11934	8096	848	122	536	44	29	29	832	834	693
上海市	12322	12537	6184	32	137	1039		3	53	2181	1746	1283
江苏省	28319	29045	14991	2036	876	2304	27	41	168	3831	2609	2221
浙江省	38925	39599	20661	1770	1575	1350	116	25	57	9043	2739	2691
安徽省	16112	16389	10729	1293	904	516	65	2	192	1219	709	877
福建省	4299	4308	2554	260	159	226	24	1	1	467	543	370
江西省	4802	4881	2968	622	245	303	1	2	6	384	157	261
山东省	35080	38395	27135	1425	1610	685	80	15	270	2615	2870	2970
河南省	20000	20000	11300	1500	950	450	120	130	250	2500	950	2450
湖北省	7726	8172	4550	564	608	242	8	55	75	1011	837	350
湖南省	10115	11796	9074	595	398	633	12	1	52	434	474	241
广西壮族自治区	9672	10960	7606	447	684	644	7	6	5	648	495	439
海南省	2000	2000	1295	60	90	150	5			80	200	120
四川省	14997	15290	10992	684	708	529	5	8	59	527	1038	774
重庆市	7683	8051	5958	352	94	266	10	16	9	306	746	370
贵州省	2264	2322	1576	290	150	124	86	75	41	2	1	2
西藏自治区	380	401	246	112	40	4					7	5
陕西省			3307	389	186	23	41	5	44	218	309	268
甘肃省	3063	3127	2346	180	113	22	17	0	16	246	74	125
青海省	1869	1920	1208	336	191	92			4	41	61	28
宁夏回族自治区	4099	4170	2597	410	463	177	17	2	41	258	126	93
新疆维吾尔自治区	8677	8872	5761	785	622	307	56	1	200	478	348	378

注：本表部分报名情况未汇齐。第一次二级建造师执业资格考试报名人数约37万人。

2005建造师国际论坛综述

由同济大学、东北财经大学、哈尔滨工业大学、北京交通大学、中国建筑工业出版社、中国建筑学会建筑统筹管理分会、北京中际天建造咨询中心、上海同济工程项目管理咨询有限公司、英国皇家特许建造学会（CIOB）、香港专业建设管理学会等多家单位联合发起的2005建造师国际论坛于2005年10月16日在海南省三亚市成功召开。此次论坛重点讨论中国建造师制度的发展及国际化问题。英国皇家特许建造学会的副首席执行官Michael Brown先生、日本京都大学的古阪秀三教授、香港CIOB主席黄之伟先生、香港专业建设管理学会主席余立佐先生、香港理工大学的Linda Fan女士，应邀出席了会议。东北财经大学杨青教授主持了开幕式。

同济大学丁士昭教授、英国皇家特许建造学会的副首席执行官Michael Brown先生、日本京都大学的古阪秀三教授、香港专业建设管理学会主席余立佐先生分别做了主题发言。

会议就建造师执业的管理、执业范围、建造师执业考试的改进进行了热烈地探讨，由于参与的境外从业专家提供了相对成熟的执业管理体系的知识，使得专家们探讨的深度和借鉴的广度都较以前加大。会议为外籍嘉宾提供了语言支持，因此他们能随时与国内专家交流，使得会场气氛活跃，并提供一些更加适合中国建造师执业发展的思路。

论坛在美丽的三亚召开，湛蓝的天空与海水汇于天际，绵延的海滩、柔软的白沙、温和的海水、高耸的椰树、温暖柔和的海风带给专家们舒畅的心情，也使得会议的硕果累累。经与会专家的主题发言和探讨，论坛提出了一些中国建造师执业制度发展特别注意的几个方向：

1. 成立中国建造师协会和中国建造师学会，为行业的专业发展和行业的执业指导与管理提供组织支持，使建造师执业制度和建造师执业人员有更快和更健康的发展。

2. 研究参加一、二级建造师执业资格考试的考生及将来执业的专业人士的关系，从而对修改建造师执业资格考试的大纲、考试用书及考试试题提出建议，使得考试能更大程度上起到选拔专业人士从业的作用，有效减少无实践能力和无实践经验者的进入。

3. 根据从业者的状况，制定合适的继续教育和后评价机制，加强执业管理，保证和提升建造师从业人员的执业素质，提高行业管理水平。

4. 根据工程建设市场的需求和国际相关专业发展的经验，有步骤地研究和发展建造师的执业范围及相应的管理配套政策，满足"一师多岗"的发展要求，也加大发挥建造师执业人员的专业作用。

5. 定期组织类似的交流活动，促进行业内从业人员的交流，促进建造师执业制度发展。提升中国建造师的专业知识和对国外相应制度的了解，增强内功，响应中央走出去的号召，打出中国建造师的品牌。

我刊本期将分别发表迈克·布朗、古阪秀三、包晓春、李世蓉等诸位先生和女士在此次论坛上的主题发言或文章，以飨读者。

专家论坛
Zhuan Jia Lun Tan

工程管理相关执业资格制度的比较研究

◆王雪青　杨秋波

执业资格制度是市场经济国家对专业技术人才管理的通用规则。随着我国市场经济的进一步完善和经济全球化进程的加快，执业资格制度得到了长足的发展，其中工程管理方面发展最快，目前已建立了监理工程师、造价工程师、咨询工程师（投资）、建造师等多个执业资格制度，基本上形成了具有中国特色的工程管理执业资格制度体系。

一、工程管理相关执业资格制度的发展变迁

工程管理执业资格制度体系涵盖了工程建设全生命周期、所有市场参与主体、不同建设领域的专业技术人才的培训、考核与管理。工程管理相关执业资格制度的发展代表了中国执业资格制度的成长与变迁。1992年6月，建设部发布了《监理工程师资格考试和注册试行办法》（建设部第18号令），拉开了推行执业资格制度的序幕。1993年，中共十四届三中全会通过了《中共中央关于建立社会主义市场经济体制若干问题的决定》，其中明确提出"要制定各种职业的资格标准和录用标准，实行学历文凭和职业资格两种证书制度"，正式提出要建立我国的职业资格证书制度，此后执业资格制度便得到了迅速的发展。

劳动部、人事部《关于颁发〈职业资格证书规定〉的通知》（劳部发〔1994〕98号）中第二条指出：职业资格是对从事某一职业所必备的学识、技术和能力的基本要求。职业资格包括从业资格和执业资格。从业资格是指从事某一专业（工种）学识、技术和能力的起点标准。执业资格是指政府对某些责任较大，社会通用性强，关系公共利益的专业（工种）实行准入控制，是依法独立开业或从事某一特定专业（工种）学识、技术和能力的必备标准。根据人事部1995年1月发布的《职业资格证书制度暂行办法》（人职发[1995]6号）规定，"国家按照有利于经济发展、社会公认、国际可比、事关公共利益的原则，在涉及国家、人民生命财产安全的专业技术领域，实行专业技术人员职业资格制度"。工程管理相关执业资格如表1所示。

我国《建筑法》（1998年3月1日起施行）第十四条规定：从事建筑活动的专业技术人员，应当依法取得相应的执业资格证书，并在执业资格证书许可的范围内从事建筑活动。从法律规定上推动了工程管理相关执业资格制度的发展，从监理工程师到投资建设项目管理师，考试形式、科目设置、注册办法和继续教育都逐渐完善，极大地推动了工程管理职业的迅速、健康发展。

二、工程管理相关执业资格制度的对比分析

报考条件是执业资格制度的基础，直接限制了资格考试的参与范围与从业人员的学历水平和从业经历。工程管理相关执业资格考试的报考条件的对比如表2所示。

工程管理相关执业资格考试的报名条件都从学历和工作经历两方面加以限制，从知识和能力两方面进行要求，对于提高注册工程师的执业水平起到了较好的保证作用。随着科技发展速度的不断加快，各专业之间也呈现出一种相互融合的趋势，专业之间的界限逐渐模糊，大学教育也相应的转化为"重基础、宽口径"的培养模

工程管理相关执业资格情况表 表1

序号	名称	主管部门	承办单位	实施时间
1	监理工程师	建设部	中国建设监理协会	1992.07.1
2	造价工程师	建设部	中国建设工程造价协会	1996.08.26
3	咨询工程师(投资)	国家发展和改革委员会	中国工程咨询协会	2001.12.12
4	建造师	建设部	市场管理司(暂时)	2003.01.8
5	设备监理师	国家质量监督检验检疫总局	中国设备监理协会	2003.12.1
6	投资建设项目管理师(职业水平证书)	国家发展和改革委员会	中国投资协会	2005.02.1

工程管理相关执业资格考试的报考条件　　表2

序号	名　称	报　考　条　件
1	注册监理工程师	具有高级专业技术职称,或取得中级专业技术职称后具有三年以上工程设计或施工管理实践经验
2	注册造价工程师	1.工程造价专业大专毕业后,从事工程造价业务工作满五年;工程或工程经济类大专毕业后,从事工程造价业务工作满六年。 2.工程造价专业本科毕业后,从事工程造价业务工作满四年;工程或工程经济类本科毕业后,从事工程造价业务工作满五年。 3.获上述专业第二学士学位或研究生班毕业和获硕士学位后,从事工程造价业务工作满三年。 4.获上述专业博士学位后,从事工程造价业务工作满二年
3	注册咨询工程师(投资)	1.工程技术类或工程经济类大专毕业后,从事工程咨询相关业务满8年。 2.工程技术类或工程经济类专业本科毕业后,从事工程咨询相关业务满6年。 3.获工程技术类或工程经济类专业第二学士学位或研究生班毕业后,从事工程咨询相关业务满4年。 4.获工程技术类或工程经济类专业硕士学位后,从事工程咨询相关业务满3年。 5.获工程技术类或工程经济类专业博士学位后,从事工程咨询相关业务满2年。 6.获非工程技术类、工程经济类专业上述学历或学位人员,其从事工程咨询相关业务年限相应增加2年
4	一级建造师	1.取得工程类或工程经济类大学专科学历,工作满6年,其中从事建设工程项目施工管理满4年。 2.取得工程类或工程经济类大学本科学历,工作满4年,其中从事建设工程项目施工管理工作满3年。 3.取得工程类或工程经济类双学士学位或研究生班毕业,工作满3年,其中从事建设工程项目施工管理工作满2年。 4.取得工程类或工程经济类硕士学位,工作满2年,其中从事建设工程项目施工管理工作满1年。 5.取得工程类或工程经济类博士学位,从事建设工程项目施工管理工作满1年
5	注册设备监理师	1.取得工程技术专业中专学历,累计从事设备工程专业工作满20年。 2.取得工程技术专业大学专科学历,累计从事设备工程专业工作满15年。 3.取得工程技术专业大学本科学历,累计从事设备工程专业工作满10年。 4.取得工程技术专业硕士以上学位,累计从事设备工程专业工作满5年
6	投资建设项目管理师	1.取得工程技术、工程经济或工程管理类专业大专学历,从事投资建设项目专业管理工作满10年。 2.取得工程技术、工程经济或工程管理类专业大学本科学历,从事投资建设项目专业管理工作满8年。 3.取得工程技术、工程经济或工程管理类硕士学位,从事投资建设项目专业管理工作满5年。 4.取得工程技术、工程经济或工程管理类博士学位,从事投资建设项目专业管理工作满3年。 5.取得非工程技术、工程经济或工程管理类专业学历或学位,其从事投资建设项目专业管理工作年限相应增加2年

式,执业资格考试的报考条件也应相应地发生一些变化,对于专业的限制可以略为放宽,对从业经历则可以加以强调。

考试科目直接反映执业资格的考核要求,决定了执业资格的特色与执业范围。成绩滚动年限指考试成绩的有效年限。工程管理相关执业资格考试的考试科目与成绩滚动年限的对比如表3所示。

由表3可知,监理工程师与设备监理师的考试科目相近,咨询工程师(投资)与投资建设项目管理师的考试科目相近,可以考虑合并考试。甚至建造师、监理工程师、设备监理师、咨询工程师(投资)与投资建设项目管理师,都可以统一考试、分头注册。如参照全国司法考试的模式,实施统一考试、分头注册,对于工程管理行业的发展、专业人才的培养与执业资格制度的完善都有着重要的意义,此外还有利于节省考试的组织管理费用。

执业范围指相关执业资格所主要从事的工作活动内容与领域。工程管理相关执业资格执业范围的对比如表4所示。

我国在建立工程管理相关执业资格制度的初期,缺乏对执业资格制度设置总体框架和资格认证体系的研究论证,参照了不同国家的专业设置和管理模式,引起各专业执业范围等方面的交叉和矛盾,并且在专业名称、执业范围上与国际通行做法缺乏可比性。监理工程师、设备监理师及建造师在执业范围上有较多交

专家论坛
Zhuan Jia Lun Tan

工程管理相关执业资格考试的考试科目与成绩滚动年限　　表3

序号	执业资格名称	考试科目	成绩滚动年限
1	注册监理工程师	《建设工程合同管理》《建设工程质量、投资、进度控制》《建设工程监理基本理论与相关法规》《建设工程监理案例分析》	2
2	注册造价工程师	《工程造价管理基础理论与相关法规》《工程造价计价与控制》《建设工程技术与计量》（分土建和安装两个专业）《工程造价案例分析》	2
3	注册咨询工程师(投资)	《工程咨询概论》《宏观经济政策与发展规划》《工程项目组织与管理》《项目决策分析与评价》《现代咨询方法与实务》	3
4	一级建造师	《建设工程经济》《建设工程法规及相关知识》《建设工程项目管理》和《专业工程管理与实务》（专业工程现分14个专业方向）	2
5	注册设备监理师	《设备工程监理基础及相关知识》《设备监理合同管理》《质量、投资、进度控制》《设备监理综合实务与案例分析》	2
6	投资建设项目管理师	《宏观经济政策》《投资建设项目决策》《投资建设项目组织》《投资建设项目实施》	2

工程管理相关执业资格执业范围　　表4

序号	执业资格名称	执业范围
1	注册监理工程师	业主方的项目管理；设计监理；施工监理；施工期间的安全管理以及施工期间的其他相关工作
2	注册造价工程师	建设项目投资估算的编制、审核及项目经济评价；工程概算、工程预算、工程结算、竣工决算、工程招标标底价、投标报价的编制、审核；工程变更及合同价款的调整和索赔费用的计算；建设项目各阶段的工程造价控制；工程经济纠纷的鉴定；工程造价计价依据的编制、审核；与工程造价业务有关的其他事项
3	注册咨询工程师(投资)	经济社会发展规划、计划咨询；行业发展规划和产业政策咨询；经济建设专题咨询；投资机会研究；工程项目建议书的编制；工程项目可行性研究报告的编制；工程项目评估；工程项目融资咨询；绩效追踪评价、后评价及培训咨询服务；工程项目招投标技术咨询；其他工程咨询业务
4	建造师	担任建设工程项目施工的项目经理，从事其他施工活动的管理工作，法律、行政法规或国务院建设行政主管部门规定的其他业务
5	注册设备监理师	对重要工程设备的设计、加工、制造、储运、材料采购、组装、测试等重要形成过程、关键部件的质量控制，进行见证、检验、审核，对项目进度、投资款项拨付情况进行监督和参与项目实施过程的管理
6	投资建设项目管理师	策划投资建设项目，参与投资机会研究；组织投资建设项目可行性研究和项目评估，对投资决策提出建议；参与研究并提出投资建设项目融资方案；制定投资建设项目管理制度和工作程序，通过招标方式，选择工程咨询、工程勘察设计、工程监理、建筑施工和设备安装、设备和材料供应单位，并依法制定合同文本和签订合同；进行投资建设项目信息管理，合同管理，质量、工期和投资管理及控制，实现投资建设项目预期的质量、工期、投资、安全、环保目标；组织生产运营准备工作和制定相关员工培训方案；组织投资建设项目竣工验收准备和建设项目竣工验收后移交生产运营的相关工作；进行投资建设项目总结评价工作

叉，咨询工程师与投资建设项目管理师之间也有较多重复。许多执业资格是根据各部门的职能分工设置的，把国外通常是一个资格按阶段分成了若干个执业资格。如咨询工程师，我国按工程阶段分咨询工程师(投资)、设备监理师、监理工程师、造价工程师等，不利于执业资格制度的国际互认工作的开展。可以考虑打通相近执业资格之间的从业限制，允许跨领域执业，增加从业人员的来源，实施一段时间后，逐步实现相近或重复的执业资格相互融合，建立起科学合理的工程管理执业资格制度体系。

三、国外工程管理相关执业资格制度的管理模式

执业资格制度在市场经济比较发达的国家或地区已有150多年的历史，形成了

一套完整的法律体系和管理机制。虽然各国工程管理相关执业资格制度的专业设置大同小异，然而由于各国政府架构、法律体系、教育基础、社会团体发展情况以及市场运作规则不同等原因，各国执业资格制度的管理方式及其作用有很大的差别。一般根据不同专业的技术复杂程度和职业后果对执业资格实行分类管理，基本上可分为法律管理模式与行业自律管理模式。

1. 执业资格的法律管理模式

执业资格的法律管理模式指对于社会性强、涉及面广、责任重大、关系到生命财产安全的专业，以明确的法律法规为依据，实行强制性准入制度。该执业资格是专业技术人员依法独立开业或从事某一特定专业的学识、技术和能力以及职业道德的必备标准。

法律管理模式类执业资格制度，由政府负责审核资格和颁发证书。但政府一般都不直接对专业技术人员个人管理执业资格，具体工作一般由政府授权的非政府机构组织实施。政府主要通过制定法规和协调教育政策、政府授权的注册管理机构主要成员的任命、执业人员数量的调控、服务质量监督和公众反映等进行有效的监控。美国工程管理相关执业资格大都由国家授权的有关专门机构——注册局进行管理，全国共设有70个注册局，行业学会、协会没有颁发资格证书和进行教育评估的权力，但发挥各自的作用，共同协助完成对执业资格的管理、考试、认证、培训等工作。

2. 执业资格的行业自律管理模式

行业自律管理模式指行业学会、协会作为自律性组织，制定会员资格标准，对专业技术人员直接实施管理。行业自律管理的执业资格制度是由本行业学会、协会直接负责实施的。职责包括注册登记、认证评估、制定行业行为规范和职业道德准则、组织考试、继续教育、资格互认、调查分析和听取公众意见、受理投诉、处罚等。行业自律管理模式类的执业资格一般没有执业的强制性。国家对从事该专业工作人士没有资格的要求，取得会员资格主要是表明个人的专业水平，通过学会、协会的服务可获得最新信息和自身专业水平的提高的机会，甚至得到国际认可。同一人员可以取得多个协会的资格，同一项工作也可以由不同资格的专业人士担任，雇主通过市场选择适合的专业人士，利用社会信用制度限制从业人士的行为，通过健全的职业责任保险制度保障职业后果。

行业自律管理的执业资格比较普遍，多数有较长的发展历史，逐步形成了比较规范化的管理制度，权威性得到广泛的认可。英国、德国、法国、澳大利亚、香港、台湾等国家和地区除了律师、医师、建筑师外大部分执业资格是通过行业自律管理的。英国推行国家职业资格制度和行业管理相结合的方式。英国国家职业资格委员会统一制定了国家职业标准(National Vocational Qualification，简称NVQ)，政府授权各行业认证机构进行认证并颁发资格证书，国家资格证书是知识和技能的标志，即说明通过认证人员能够承担相应的技术工作。而专业技术人员的管理主要强调行业自律管理，即行业组织制定会员资格标准，除少数专业如医师要考试外，大部分行业组织仅按照申请者提供的国家职业资格认证证书、学历证书、职业实践等证明，由学会、协会自行考核认定其会员资格，授予某种称号并对其进行管理。

四、工程管理相关执业资格制度的发展趋势

1. 执业资格考试的"统一考试、分头注册"趋势

目前我国的各种执业资格考试中，由各主管部门分别制定大纲、编写教材和考试命题，按照行业分别对各专业技术人才进行考核，在执业资格制度建立的初期极大地促进了执业资格制度的发展。但根据国内外执业资格考试制度的发展趋势，从业范围、知识要求相近的执业资格必然要求整合，即实施"统一考试、分头注册"，参加一种考试，通过后可以根据自己的从业经历分别申请不同的执业资格。这种考核方式一定程度上节约了部分考试的组织费用，同时有利于相近行业之间人才的流动，降低行业保护，促进市场竞争。如监理工程师、建造师、设备监理师的考试可以在此方面作些尝试。

2. 执业资格的国际互认趋势

随着经济全球化进程的加快，专业人才国际化趋势越来越明显。《服务贸易总协定》(WTO)敦促成员方承认其他成员方服务提供者所具有的学历和资格，鼓励各成员之间就资格的互相承认进行谈判。资格要求应尽可能以国际公认的标准为基础，不能在成员间造成歧视，也不能对服务贸易构成隐蔽限制。目前执业资格互认主要有国际或地区组织之间的互认、国与国之间的互认两种模式，国际或地区组织互认主要有美国、英国、澳大利亚、加拿大、中国香港等国家和地区就工程师达成的"华盛顿协议"成员等。

虽然专业人才国际化成为发展的重要趋势，各国也在积极探索执业资格互相承认的途径，但出于保护本国市场的需要，各国都制定了许多市场准入的限制，使得专业人士进入别国市场十分困难。目前，我国执业资格的国际间互认工作已经起步，建筑师、结构工程师、城市规划师、造价工程师等执业资格制度与部分国家和地区实现了互认。鉴于我国执业资格制度和专业技术人员队伍素质的现状，应参考国际通行做法，坚持执业资格的高标准，为推动我国执业资格与国际接轨创造条件，有计划、有步骤地开展执业资格的互认。对于有条件的专业通过开展国际交流，首先进行教育评估标准、职业实践标准和考试标准等基础性工作的互认，然后选择个别专业、部分国家进行小规模的互认试点。

3. 行业学会、协会的作用将更为凸显

我国工程管理相关执业资格制度主要有两种管理模式：一是由建设部执业资格注册中心统一管理，目前有建筑师、结构工程师、城市规划师等专业；二是由各个行业学会、协会管理，监理工程师由中国建设监理协会管理，造价工程师由中国建设工程造价协会管理等。对于我国的工程管理的相关执业资格，可以按照不同专业特点分别以法律管理模式和行业自律管理模式进行分类管理。对于前者，成立执业资格注册管理委员会，各部委的执业资格注册中心作为政府授权的国家资格的注册管理机构，成为各个执业资格注册管理委员会的办事机构。对于后者，组建各专业执业人员的行业学会、协会组织，对专业技术人员以会员制的形式自律管理，会员资格标准经国家有关部门批准认可。

行业学会、协会应具有以下特征：依法设立，受有关部门监督；独立于政府；以会员会费作为组织运作经费，是非营利性机构；管理制度比较完善，具有强有力的行政事务管理班子；为会员提供良好的服务；负责监督记录个人从业的信用状况。行业学会、协会要以市场需求为基础，制定科学和严格的执业标准，引导企业和专业技术人员贯彻落实。随着执业资格制度的进一步完善，行业学会、协会必将发挥更为重要的作用。

4. 建立个人执业信用制度和职业责任保险制度成为当务之急

虽然国内的信用制度和职业责任保险制度远不如西方国家发达，但尽快建立个人执业的信用制度和职业责任保险制度以约束和规范建筑市场应成为今后努力和发展的方向。个人信用制度将会促使从业人员在执业过程中自觉遵守法律、履行合同、尽职尽责以维护自身的信誉，有助于整个专业技术人员队伍职业素质的提高，同时减轻了政府在监督管理执业规范方面的负担。而个人职业责任保险制度为专业技术人员转移了部分工作风险，保证他们能以创新开放的方式工作，大胆采用新技术新思想，有助于行业水平的提高。

5. 执业资格将与学校教育紧密结合

在市场经济比较发达的英法等欧洲国家，所有执业资格制度都与学校教育相结合。英国皇家特许建造学会（CIOB）负责工程管理专业大学课程的教育评估工作，通过评估的该专业的在校生可以申请成为学生会员，毕业后，学会按照会员培养计划，给予专门培训，定期考核，培训计划完成后，个人也就取得了执业资格，形成了一套系统、完整、连续的培养程序。同时将执业资格与学校教育结合的做法有助于帮助学生较早确定执业方向，并培养良好的职业道德，但也不能将学生的培养目标定义得过于狭窄。

目前我国已开始进行大学工程管理等相关专业的教育评估互认，清华大学、天津大学、同济大学、重庆大学等高校的工程管理专业通过了评估，高年级的学生可直接申请CIOB的学生会员，目前仅天津大学就有120多名CIOB学生会员，在人才培养方面起到了良好的效果。同时，我国高校相关专业的设置和发展必须与执业资格制度相协调，强化学科基础建设，完善专业课程体系，通过较高层次的专业学历教育来提高我国执业资格制度下的执业水平。

6. 继续教育制度将不断完善

继续教育是执业资格制度中的重要环节，科学有效的继续教育是注册工程师专业水平的保证。一般在工程管理相关执业资格的管理办法中都规定：再次注册者，应经单位考核合格，并具有执业资格管理委员会认可的继续教育、业务培训证明。在注册工程师的义务中，一般都规定，注册工程师"应当接受继续教育，参加职业培训，补充更新知识，不断提高业务技术水平"，但对于继续教育的内容、形式和考核方式都没有作出明确的规定，造成效果不佳。根据社会的需求与国外发展的规律，今后我国执业资格的继续教育制度将不断完善。

经过十余年的发展，我国的工程管理执业资格制度不断规范和完善，成为社会最受关注、行业最为重视、个人最为迫切的一种人才选拔制度。工程管理相关执业资格制度的实施，加强了工程管理人才队伍的建设，提高了从业人员的业务素质、职业道德水平和参与市场竞争的能力，促进了建设行业管理体制的改革与市场经济秩序的规范，推动了在人才管理方面与国际的接轨。随着建设项目投资体制的改革与建筑市场全球化趋势的加快，研究工程管理相关执业资格制度的整合与变革也成为当前十分重要而又紧迫的任务，但其完善和发展是一个长期的系统工程，必须在建设行业发展的过程中不断改革，走中国特色的工程管理执业资格制度的发展之路。

参考文献

[1] 洪红，朱雅彬，廖奇云等.中英建造师执业资格制度对比研究.重庆建筑大学学报，2003(5)：101~107

[2] 建设部赴英国、西班牙、法国建造师执业资格制度考察团. 2002年建设部赴英国、西班牙、法国关于建造师执业资格制度的考察报告.建筑经济，2003(4)：13~16

[3] 陶建明.建设行业执业资格制度的国际化比较研究.建筑经济，2002(10)：19~25

[4] 申月红.我国将建立建造师执业资格制度——建设部建筑管理司副司长王早生访谈录.建筑经济，2003(5)：10~12

[5] 刘宝英.小康大业、人才为本、积极推进执业资格制度建设.估价与经纪，2004（1）：50~51

[6] 宋亚东，刘刚.设备监理工程师执业资格及其知识体系的研究.中国设备工程，2003（12）：4~6

[7] 吴涛.工程项目管理研究与应用.北京：中国建筑工业出版社，2004

[8] 水利部人事教育司.国内外职业资格制度综述，2004.9

（作者单位：天津大学管理学院）

建造师专业知识和技能在工程建设管理中的体现

◆侯社中 李月英

一、建造师执业资格考试制度的建立及带来的变革

建设部、人事部2002年12月5日以"人发[2002]111号"发布《建造师执业资格制度暂行规定》，确立了我国的建造师执业资格考试注册制度。该规定明确了建造师是以专业技术为依托，以工程项目管理为主业的执业注册人员；指出建造师是懂管理、懂技术、懂经济、懂法规，综合素质较高的复合型人才；建造师注册后可以建造师的名义担任建设工程项目施工的项目经理，从事其他施工活动的管理，从事法律、行政法规或国务院建设行政部门规定的其他业务。随后建设部、人事部又出台了《建造师执业资格考试实施办法》、《建造师执业资格考核认定办法》等一系列关于规范建造师执业资格考试、考核方面的各种规定。

国家取消项目经理的行政审批，取而代之实行建造师执业资格考试注册执业制度，并不是简单的名称上的改变，而是将会带来我国建设市场施工管理领域的一次重大变革。建造师执业资格制度的建立，将传统建设工程项目经理过分倚重行政管理的弊端有望彻底改善，进而强调建造师应在管理、专业技术、法律、法规等方面并重。

建造师与传统建设工程项目经理有着密切的渊源，可以说建造师制度就是传统施工项目经理制度的传承、延伸和发展。关于这一点本文不做赘述。根据《建造师执业资格制度暂行规定》及有关政策法规规定和我国建设市场的实际情况，在传统项目经理向建造师的过渡期，甚至过渡期以后相当长的时间内，注册建造师执业的主要舞台都将是担任建设施工项目经理，以及建设工程项目的主要管理岗位。正是基于这一点，我们必须改变传统的对项目经理的看法和要求，从建造师执业担任建设工程施工项目经理及重要管理岗位的角度，结合现在我国建设市场突飞猛进的实际，认真分析建造师执业过程中专业技术知识与经济管理知识在工程建设中的作用及体现。

二、建造师执业需具备专业技术和经济管理知识

正如上面提到，传统项目经理对建设工程项目的管理比较倚重行政管理方面，忽视项目经理在项目中专业技术和经济管理方面的作用。但实际上，这一现象现在随着我国建筑市场的逐渐成熟正在发生着变化。特别是从上世纪90年代开始，虽然表面上建筑市场仍体现为基建规模的快速膨胀，但在施工过程中已逐渐改变了过去的建筑施工中的粗线条、低技术含量、轻经济核算及管理等旧式的带有计划经济色彩、比较封闭的施工管理模式；取而代之的是更加强调集约化施工，是与国际建筑市场交融接轨的、新型的市场经济下的施工管理模式。施工领域专业分工越来越细，建设工程技术含量逐年提高。以铁路施工为例，20世纪80年代以前铁路建设的目标就是打通各主要城市之间的运输通道，列车时速基本都在每小时100公里以下。而现在随着高速铁路、客运专线、城际快速列车、城市轻轨等的高速发展，铁路施工中的技术含量较之以前大大增加。建筑施工材料的更新同样也是如此。另外，建设项目更加重视经济管理，成本核算更加严格，项目各种经济考核指标也更加科学、细致。很难想像一个不懂或不精专业技术，不懂经济管理，甚至连各种会计报表都看不懂的项目经理能够出色完成项目施工。

上述局面一方面是因为国内、国际建筑市场的建筑施工水平在不断提高，另一方面通过改革开放后富裕起来的人们对居住、办公等生活、工作环境的物质化要求越来越高，更重要的原因是因为我国实行市场经济体制后，建筑施工企业的市场地位和性质发生了根本变化。不只民营企业，就是国有企业也都通过公司制、股份制改造而成为独立经营、自负盈亏的市场主体，再加上国际建筑承包商的涌入，所有这一切的变化，必然会带来施工企业项目管理的革命。其中最突出的特点就是对建筑施工项目经理综合素质的要求会越来越高，尤其在专业技术和经济管理方面更是如此，当然，也不能忽视项目管理中协调管理和有关法律法规方面的作用。

三、建造师执业在专业技术和经济管理方面作用体现的例证

为更直观地说明建造师执业在专业技术和经济管理方面作用的体现并便于比较，下面通过举实例的方法来进行阐述。巧的是，笔者所在的单位正是一家国有特

大型建筑施工企业,企业的各级领导一直非常重视施工项目经理的认定培养和管理工作。实行建造师资格考试制度后更加关注这一制度的实施,号召鼓励所有符合条件的企业员工积极参加建造师资格考试,并提供各种有利条件。为了表示企业对建造师工作的重视,同时也为了检验建造师在建设项目施工中担任项目经理及主要管理岗位的优势所在,从2005年6月份起,企业在一项国家重点铁路工程建设施工中,根据建设单位要求和实际工程需要,有意作出如下安排:

(一)项目部人员组成

将该工程根据地域和管辖划分为工程量、合同金额、施工环境等都基本相似的两个施工区段,按规定分别设立两个施工项目部,分别称项目部甲和项目部乙。

项目部甲按照原先大多数建设施工单位关于工程项目部的模式组成。项目部主要成员有:项目经理赵某(行政职务为公司副总工程师),具有一级项目经理资格并具有担任多条其他铁路建设工程项目经理经验,没有一级建造师资格;项目总工程师韩某大学本科毕业(行政职务为公司施工部副部长),参加工作6年,担任过另两个相似工程项目总工;财务总监李某大学本科毕业(行政职务为公司财务部副部长),担任过其他项目财务主管。

项目部乙有意安排以参加了2005年一级建造师资格考试,并有望通过考试的人员(暂且也称之为建造师)为主组成并担任项目主要管理岗位。项目部主要成员为:项目经理王某为公司施工部部长,具有一级项目经理资格,去年担任过另一施工项目的项目经理;项目总工程师李某为工程师,具有其他项目总工经历;项目财务总监陈某具有经济师和会计师资格,有其他项目财务主管经历。

其他各职能部门配备及人员力量两个项目部基本相当,公司对两个项目部制定了相同的经济考核指标和其他标准。两个项目部于2005年6月份都正式成立并开始运作。按照以往经验,企业领导和职工都认为,项目部甲的实力要强于项目部乙。

(二)初步对比及成因分析

截止到现在,两个项目部已运行四个月时间,整个工程也已经完成将近一半工作量。从第一个季度收集到的季度考核指标和平时反映出的问题看,通过近四个月的实际运行,两个项目部在很多方面出现了较大差别。其中,以建造师为骨干组成的项目部乙和以传统方式组成的项目部甲最明显的不同之处,体现在建造师在专业技术和经济管理上的知识对建设工程项目作用非常明显。

按照建造师考试大纲要求,取得一级建造师资格需通过《建设工程项目管理》、《建设工程经济》、《建设工程法律法规》和《建设工程实务》四门课程。因此取得建造师资格并在建设工程项目中执业,在专业技术方面必定会有一个系统的把握,并达到专业要求的一定高度。经济管理、成本控制等方面同样也经过系统学习,达到了比较专业的水平。建造师受聘担任工程项目经理和建设工程重要管理岗位,首先是一个专业技术人才和经济管理人才,同时也具备了项目管理和一定的法律法规知识,也就是说基本拥有了建设工程项目所要求的各种知识,具备了成为建设工程复合型高级管理人员的素质。实际工作中不仅是一个项目行政领导者的角色,还应该与项目部的专业技术人员、财务管理人员进行专业技术上的良好沟通和磋商,这样的施工项目部制定的施工组织方案、经济管理办法一定会更加严密、科学。以执业建造师为主组成的项目部,最大的优点就是在专业技术和经济管理方面能够最大限度地满足项目施工的需要,也更具竞争力和灵活性。

一个事实情况是:经过评审取得一级项目经理资格的人担任项目经理往往注重项目协调、内外沟通、关系平衡等,行政管理色彩较浓。有的不懂专业技术、经济管理,有的懂一些也因没有经过系统的学习,停留在比较低的水平上。

经过评审取得一级项目经理资格的人,或具有其他专业资格的人员担任项目总工、技术主管、财务总监、财务主管等管理岗位,也基本都是只熟悉本专业业务,部门之间、专业之间横向沟通就会多少存在问题。这样的项目部存在的缺陷是过分依赖行政管理,工作中条块分割明显,缺乏纵向、横向及专业间沟通,施工方案、经济管理制度、成本质量控制等方面很难做到集思广益,整个项目部运作缺少灵活性,体现不出建设工程项目管理应有的特色,实际就像一个精简了一些部门的企业。

(三)实际对比结果

项目部甲和项目部乙的实际情况也证明了笔者上述的分析。

2005年6月份,该建设工程刚具备进驻施工现场条件,两个项目部就同时分别进驻各自施工现场。但工作开展后不长时间即出现两种不同的工作方式和两种不同的结果。

项目部甲按照以往工作模式,项目经理只是做一些分配任务、协调沟通等工作,施工、财务、质量等其他部门也各自制定自己的工作目标。因为相互之间专业上的不同,项目经理赵某在专业技术和经济管理上知识欠缺,不能够做到有效协调。总工、财务总监和预算管理人员也基本只熟悉本专业业务,工作中考虑不到相互专业的影响和衔接,各自为战。一段时间项目部开碰头会时,各部门再就工作有衔接不当、有相互矛盾的地方进行调整补充,甚至重新制定。这样,各种方案制度反复修订,由于互相不熟悉对方业务,有时还会出现互不让步,互相埋怨的不协调现象,工作效率较低,20多天后才进入正常施工阶段。

再看项目部乙,队伍刚进场的第一

天，项目经理就带领总工、财务、技术人员、预算管理人员一起深入现场，对照原先制定的施工组织方案，根据现场实际情况进行及时调整。由于主要人员由建造师担当，在专业技术和经济管理方面具备互相沟通的能力，在调整施工方案时，同时考虑到费用的增减；在制定经济管理标准制度时，也充分考虑到对施工方案的影响。项目经理综合各方情况从专业技术、经济管理全面考虑权衡，作出最佳选择。各部门再制定出切实可行的具体方案、制度，基本一次成型，很少返工。和项目部甲相比，项目部乙仅用10天时间，就顺利进入正常施工阶段，各项工作有序开展。

不但在正常的施工中以建造师为主的项目部乙走在前面，就是在施工过程中处理技术难题和突发事件时，项目部乙同样表现出优势：

2005年7月份进入雨期施工后，两个项目部同时遇到特殊地质条件下，由于天气因素带来的地基基础浇筑灌注桩中存在的技术难题。由于该项工程工期相当紧张，工期是合同中一项约定相当严格的条款，耽误工期将受到严厉制裁。问题出来后，项目部乙项目经理王某立即带领项目总工、技术人员和财务总监赶到施工现场。他们从改变施工组织方案、改进施工工艺入手，迅速测算出改变施工组织方案和施工工艺将对施工进度的影响，并预测能否影响到整个工期，费用的增加是否控制在预算之内，对工程成本的影响到底有多大，施工安全、质量是否有保障等，共同在现场就定下了解决方案，整个上述工作在一天时间内全部完成，顺利解决了施工中出现的技术难题。项目部乙反应之迅速、方案之合理受到业主、施工企业和监理单位的一致称赞。相反，项目部甲的反应一如施工开始阶段一样。后来还是在施工单位的协调下，项目部甲完全采用了项目部乙的解决方案。

在经济管理方面也是一样，项目部乙无论在成本预测、成本控制、成本核算、成本分析、成本考核还是风险预测、施工组织管理、各项规章制度的制定执行上，都要优于项目部甲。造成这种情况的原因和上述大致相同，在这里不再赘述。

到现在该工程仍在紧张施工中。项目部乙无论在施工组织、进度、工期、成本、质量、安全等方面完全走在了项目部甲的前面。

（四）对比在单位产生的影响

原来认为管理能力、施工经验都要好于项目部乙的项目部甲，在这次单位有意安排进行对比的建设工程中，各项考核指标几乎全面处于下风，是许多人始料未及的。因为以往基本由原班人马组成的项目部在传统类型的项目施工中业绩并不糟糕，在单位几十个施工项目部中始终处于上游水平。这一现象已经在单位产生了较大的轰动，并引起单位领导的重视。九月份单位领导曾召开施工现场分析会，分析研究这一现象，并得出结论：建造师执业资格考试制度能够选拔出出色建设工程管理人才，能够促进施工单位整体水平提高。

（五）打造建造师队伍的措施

企业正是感觉到建造师执业的优势所在，因此，在快速壮大建造师队伍方面就采取了一系列有效措施：一是积极鼓励所有符合条件的员工参加建造师资格考试，企业根据专业需要进行专业引导，并由人力资源部门根据专业、人数统一组织考试前的课程培训。参加培训人员不但不需交培训费，企业还规定了奖励措施，每考过一门课程奖励500元，一次通过考试的奖励5000元，两年内通过考试的奖励3000元。二是对通过评审和考试取得建造师资格的人员进一步加强继续教育，规定了每年继续教育的课时、内容和教育凭证的认定程序，将继续教育作为建造师年度考核的一项内容，并与年末的经济利益挂钩，同时也作为职称评定和提升的一项优先条件。三是对通过评聘取得一级项目经理资格的人员，除同样适用前面的规定外，企业按照建造师考试大纲的基本要求进行内部考试考核，加大淘汰力度。四是大胆起用建造师担任项目主要管理岗位，不但要求担任项目经理须具有建造师资格，和前面的实例中一样，项目其他关键管理岗位也要求具有建造师资格的人员担当。通过这一系列的措施，企业员工对建造师的认识进一步提高，参加考试、继续教育的积极性被充分调动起来，整个企业的项目管理水平也因此在短时间内有了明显提高。

结束语：

通过实例我们看到了建造师执业的优势，特别是建造师执业中的专业技术和经济管理在建设施工项目中的突出作用。也证明了我国建造师执业资格制度关于建造师的职责定位、法律地位以及考试大纲和教材编排上切合我国建筑市场实际，与传统项目经理资格认定制度相比具有明显的优越性，对规范和提高我国的建筑市场整体管理水平将起到很大的促进作用。相信越来越多的建筑施工企业会在短时间内认识到这一点，并采取各种积极的措施适应并打造自己的建造师执业队伍。

我们有理由相信，建造师执业的前景值得期待。

专家论坛
Zhuan Jia Lun Tan

完善建造师执业资格制度 推进施工企业良性发展

◆张雪松　赵世强

2002年12月5日，人事部、建设部联合下发了《关于印发〈建造师执业资格制度暂行规定〉的通知》，印发了《建造师执业资格暂行规定》。文件的下发，标志我国建立建造师执业资格制度的工作正式启动。

建造师执业资格制度起源于英国，英国建造师称为皇家特许建造师，执业资格由皇家特许建造学会负责管理。建立建造师执业资格制度，必将促进我国的施工企业与世界同行进行合作和交流，促进我国工程项目管理人员素质和管理水平的提高，促进我国施工企业开拓国际建筑市场，促进我国建设管理体制与国际接轨。

建立建造师执业资格制度，促进施工企业良性发展

1. 优化施工企业项目经理知识结构，提高整体素质。

目前具有项目经理资质的人员，专业理论和文化程度水平普遍偏低，而专业理论和文化程度又直接影响了项目经理的管理水平。建造师执业资格考试分四科：《建设工程经济》、《建设工程项目管理》、《建设工程法规及相关知识》和《××专业工程管理与实务》（××表示具体的专业）。通过对建造师考试内容的学习，可以提高项目经理工程技术、工程经济学、工程项目管理、建设法规以及具体专业领域的工程管理知识，提高项目经理的专业理论知识并完善理论体系，促使项目经理能够更好地将理论应用于实践。一方面利用建造师执业资格考试促使项目经理充实理论知识；另一方面形成壁垒，将理论知识不符合标准的项目经理拒之门外，但同时要注意的是在我国存在着大量的实践经验丰富，但理论知识薄弱的项目经理，而他们在我国的项目经理队伍中占有相当的比例，他们依然是现阶段我国施工领域重要的、合理的组成部分。我们需要强调理论考核的重要性，但不可以过分的突出，不能忽视实践方面的要求，防止产生"考上的不会干，会干的考不上"的现象。

管理者的素质决定了项目的成败，项目经理是施工项目的最高领导者，他要对建设单位的成果性目标和企业效率性目标负有全部责任，项目经理水平的高低直接影响施工项目建设的好坏，所以提高项目经理的素质是提高效率和提高工程质量的根本措施。

2. 促进施工企业人才合理流动，优化人才结构。

实行建造师执业资格制度后，具有建造师执业资格的人员对于施工企业有更多的选择，同时施工企业选择项目经理的范围也被拓宽，既可以从内部选择建造师，也可以外聘。也就是企业既可以从自己的企业内部员工中培养建造师，也可以从外部聘任建造师从事项目管理工作。这样有利于企业多方面吸纳人才，有利于优化企业内部的人才结构，增强其市场竞争能力。

根据《建造师执业资格制度暂行规定》，对建造师的定位是以建设工程项目管理为主业的专业技术人员，强调了建造师的主要工作范围是承包商的施工管理。但是建造师作为从事专业技术工作和具有理论基础和实践能力的高素质、复合型人才，其综合实力得到国家、社会、行业和业主的认可，因此拥有建造师执业资格的人员就业范围被大大拓宽，他们可以从事业主的项目管理、工程咨询、建筑领域的科学研究、参与政府相关政策的制定和政府职能管理等等，而且随着建造师执业资格体系的完善，建造师在各个领域的认可程度会越来越强。这将促进建造师在各个领域的流动，使得建造师可以为自己寻找更加适合的职业定位。

3. 激励我国施工企业走出去，开拓国际市场。

随着我国加入WTO，今后一段时期，我国对外承包工程面临的形势是机遇与挑战并存。但总体来看，我国发展对外承包工程的潜力巨大，机遇良好，前景广阔。

我国建筑业从业人数约占全世界建筑业从业人数的25%，但对外工程承包额却仅占国际建筑市场的1.3%。原因固然很多，但缺乏高素质、国际认可的施工管理人员是重要原因。通过建立建造师执业资

格制度，推进与国际资格的互认，将为我国开拓国际建筑市场，增强对外工程承包能力有所帮助。目前，我国的房地产估价师已经与香港测量师（产业）资格成功实现了互认，而香港测量师学会即为英国皇家特许测量师学会（香港分会），这为提高我国估价领域的水平，促进我国估价业务向国际发展产生了很好的效果。建造师也应借鉴房地产估价师的经验，与香港建造师进行互认，在满足了香港建造师进军内地愿望的同时，为我国施工企业开拓国际市场做好铺垫。并在此基础上，与英国皇家特许建造师等国际资格进行互认方面的尝试，进一步开拓国际市场。

完善建造师执业资格制度，为我国施工企业更好服务

1. 完善建造师执业资格标准，选拔合格的建造师。

目前我国还没有一套完整的执业资格标准，执业资格的认证通过考试资格审查和笔试来确定，考试资格主要审查申请者的学历文凭和工作年限两方面，藉此来考察申请者的理论知识水平和实际工作能力。然后再通过书面考试来确认考生的综合知识和专业知识掌握情况。这种考察方法显得比较粗糙和缺乏有效性，满足要求的工作年限并不能真实反映申请者的专业技术水平和项目管理能力。

为了有效地考察申请者的执业资格能力，可以借鉴国际上的经验，建立我国相应的完整而有效的建造师执业资格标准。

首先，资格审查方面除了学历文凭和工作年限以外，笔者认为还应该有如下几方面内容。

(1)所受教育的详细情况。包括毕业于哪所大学，所学专业以及所学的专业课程。这基本反映了申请者的教育水平以及基本知识体系。

(2)任职单位以及工作经历。在哪家企业工作，参与或主持过哪些项目，在项目中的具体工作，项目的类型、面积、造价等具体情况，以及在项目中遇到哪些棘手的问题和解决办法。这可以反映出申请者的实际工作经验以及解决实际问题的能力。

其次，在考核环节，除了笔试之外，还可以将面试作为努力的方向。虽然在我国目前阶段推行面试的难度很大，这有很多原因，其中包括：我国的项目经理数量过多，给面试考核带来很大的工作量，同时能否找到足够多的符合标准的考官也是一个问题；我国的人情关系盛行，这也对面试的公正性有很大影响等等。但是面试作为英国皇家特许建造师以及相关国际资质的主要考核手段，是我国建造师考试的发展方向，是建造师执业制度走向成熟的标志。

目前我国项目经理数量在40万左右，一级项目经理有8万多。而到2008年所有的项目经理都将过渡为建造师，也就是每年将产生2万左右的一级建造师。

本次一级建造师报名人数达28.1万，近几年每年预计几十万人。由于报考人数过多，使得在报考环节增加面试的可行性不大，笔者想到的变通方法是将能否通过面试作为建造师能否在某一区域或领域执业的必要条件。比如可以先在超大城市如北京进行面试方面的试点，对于已经通过建造师考试的人员，如果想在北京执业的话，就必须通过面试考核。这样一方面可以提高在北京执业的建造师的水平，另一方面为我国建造师面试制度积累经验。另外还可以要求只有通过面试考核的建造师，所主持的项目才可以超过一定的规模，并对规模的大小予以界定。

笔者对于面试方面有如下建议：面试可以采取案例分析的形式，可以从题库中随机选取案例，让申请者先阅读案例，然后考官根据案例的内容进行发问，通过申请者的回答，了解申请者对于专业知识的理解和应用程度，了解申请者的语言表达能力和沟通能力，了解申请者解决各种问题的能力等等。通过对提问问题的良好设计和评价标准的设定，可以对申请者的各方面素质有更正确的评判。

2. 建造师资格与学校教育相结合，做好建造师的早期培养。

在英国，包括法国等其他欧洲发达国家，执业资格制度是和学校教育相结合的。比如英国皇家特许建造师主要涉及建筑管理领域，它负责工程管理专业大学课程的教育评估工作，该专业的在校生可以申请成为学生会员，毕业后，学会按照会员培养计划，给予专门培训，定期考核，培训计划完成后，个人也就取得了执业资格。因此，英国具有一套系统、完整、连续的建造师培养程序。

我国尚没有把执业资格制度与学校教育很好地联系起来，这也和我国的执业资格制度处于初级阶段有关。我们应该借鉴国外的经验，建造师资格的获得应与学校教育相结合。我国与建造师相关的专业为工程管理专业，可以让通过工程管理专业评估的高校毕业生有提前参加建造师执业资格考试的权利；同时可以尝试与英国皇家特许建造学会、美国建造师学会等国际资格在教育评估方面达成互认协议，相互认可各自的评估结果。另外，还可以将该专业的教学计划，包括课程设置以及实习安排等，与建造师的资格标准相结合。课程设置方面融入建造师考试的相关内容，实习方面可以邀请建造师指导在校生参与施工管理的具体工作。一方面充实施工管理领域的理论知识，另一方面可以使在校生对建造师的工作有切身的体会。学校教育要注意理论不能和现实相脱节，同时也不可将学生的培养目标制定得过于狭隘，这样不利于学生全面发展。将执业资格与学校教育结合的做法帮助那些有志于从事工程建设的在校生较早地对建造师的知识体系和职业生涯有所了解，可以使他们朝

着明确的目标更快地发展。

3. 规划建造师的继续教育，确保建造师与时俱进。

借鉴国际上建造师的经验，我国建造师的继续教育也需要制定详细的方案，加强建造师与时俱进的意识，主动接受从业后的继续教育。

我国规定了成为注册建造师后必须接受继续教育，但还没有制定具体的继续教育方案。关于继续教育，笔者有如下建议：

(1)建立全国性和地方性的继续教育专家库，为继续教育建立人才储备。

(2)由通过工程管理专业评估的高校、其他具有相应能力的高校和培训机构进行继续教育工作，并由建造师资格管理的相关部门对其授课内容、教材质量、教师的水平、运作方式等方面进行管理、监督和审查。

(3)建立对继续教育实施机构的绩效评估机制。对于师资力量、课程质量、教材质量等方面进行评估，设定若干等级标准，对于等级较低的采取减少招生规模或予以取缔的方式，促进培训机构的完善，提高继续教育的质量。

(4)利用网络技术，提供远程培训，弥补某些区域师资力量不足和水平不够的缺陷。利用网络技术可以集中优秀的师资力量为建造师培训、答疑、辅导等。中国建造师网是在行业中有很高知名度的网站，可以以其为平台进行远程培训。将施工管理各领域名师讲课的录像在网上提供在线观看或下载；各地的建造师通过电子邮件或BBS(电子公告板)的形式提出自己的问题，由名师定期予以解答，并以电子邮件或BBS的形式进行答复。

我们应该将继续教育的重要性放到与执业资格认证同样的高度，因为保持和提高原有建造师队伍的素质与吸纳新的建造师同样重要，同时由于建设领域的知识体系也在不断更新，建造师的知识体系同样需要补充新的养分。所以完善继续教育体系，是实施建造师执业制度所面对的非常重要的课题。

4. 建立个人执业信用制度和执业保险制度，降低建造师和施工企业风险。

在英国等欧洲国家，个人的执业信用和个人执业保险都是个人执业的前提条件。我国的信用制度和保险制度远不如西方国家发达，但是建立个人执业的信用制度和保险制度，以此来约束和规范建筑市场至少应成为今后努力和发展的方向。

个人信用制度将会促使建造师在执业过程中自觉遵守法律，履行合同，尽职尽责以维护自身的信誉，有助于整个建造师队伍职业素质的提高。笔者认为可以由建设行政主管部门为建造师建立信用档案，对建造师的从业经历、业绩、能力、职业道德等方面进行记录，对其不良记录的描述，进行信用评级，并在网上公示，以供业主、施工企业等各方的查询。这样做有如下几点好处：

(1)施工企业在选择建造师时，可以了解建造师以往从业的信用情况。建立信用档案，准备聘用他的施工企业会通过公示的资料，了解他的信用情况，对是否录用他会有一个正确的评价。

(2)建造师在执业过程中，会更加注意自己的信用状况，因为良好的信用可以使其获得更好的发展空间，而不良记录的产生会使其发展受限。通过网上公示，业主、施工企业等各方都可以对建造师的信用情况有所了解，其中业主可以在招标过程中将施工企业建造师的信用状况作为评标的重要指标之一，这必将促使施工企业把建造师的信用状况作为聘任的关键因素，会使得建造师更加注重自己的信用状况。

(3)降低施工企业的风险。在我国目前建造师的管理体制下，建造师是以企业的名义，行使赋予的权力，也就是说企业为建造师承担着工作失误、信用缺失等各方面的风险。而建造师如果造成企业信誉不佳，只要建造师的工作没有达到不良记录或吊销执业资格的程度，他就依然可以留在本企业或跳槽到其他企业继续工作，他的不良行为并没有产生惩罚性结果。而个人执业信用制度的建立，使得个人脱离了企业的屏障，成为承担责任和损失的主体，这必将促使他们自觉地约束自己的行为并且注重个人信用，而这大大降低了施工企业风险。

个人执业保险制度是指由于个人的差错给工程项目施工带来的损失通过保险赔付。个人执业保险制度可以为建造师转移部分工作风险，使得他们能以创新开放的方式进行工作，促进行业水平的提高；同时也降低了施工企业由于个人失误而产生的损失。

结语

通过建立和完善建造师执业资格制度，可以为施工企业的良性发展起到推进作用，但同时，一项制度并不能解决施工企业的全部问题，还需要各种相关制度的建立和完善。另外，在制度的执行过程中，会逐渐发现现有制度有哪些方面不适合我国国情，哪些方面没有可操作性等等，通过执行发现问题，进一步完善建造师执业资格制度。

参考文献

〔1〕申月红. 我国将建立建造师执业资格制度——建设部建筑管理司副司长王早生访谈录〔J〕.建筑经济，2003(5)

〔2〕金德钧. 关于建造师执业资格制度〔J〕.工程项目管理研究，2003(5)

〔3〕洪红，朱雅彬，廖奇云，潘晓丽. 中英建造师执业资格制度对比研究〔J〕.重庆建筑大学学报，2003(5)

〔4〕郭培义. 建造师执业资格制度对施工企业的影响及对策〔J〕.建筑，2004(4)

〔5〕刘卫忠，于顶成. 我国施工企业如何应对建造师执业资格制度〔J〕.中国科技

(下转24页)

论中国建造师的培养与教育

◆李 辉 胡兴福

一、项目经理制度和建造师制度的相互关系

建造师是一种执业资格。它是专业技术人员从事某种专业技术工作学识、技术和能力的必备条件。比如，规定的学历、通过资格考试、工程实践能力、进行注册登记等。建造师执业资格的覆盖面较大，包括工程建设领域方方面面从事建造或项目管理的相关专业人士。选择工作的权利相对自主，可在社会市场上有序流动，有较大的活动空间。

项目经理是企业限于企业和某一特定的工程项目设定的一种职业岗位。项目经理是由企业法人代表聘用或任命的一次性的授权管理者和责任主体。项目经理岗位是保证工程项目建设质量、安全、工期的重要岗位。《建设工程项目管理规范》规定："项目经理是根据企业法定代表人授权范围、时间和内容，对施工项目自开工准备至竣工验收，实施全过程、全面管理。"

取得建造师执业资格是从事项目经理职业岗位工作的必要条件，项目经理还必须具备政治领导素质、组织协调和对外洽谈能力以及工程项目管理的实践经验。

虽然从事工程项目的专业人员都是建造师，但作为某个项目来说，只有一个项目经理，其他建造师在这个项目全过程管理活动中还必须接受项目经理的领导和管理，他们又是领导和被领导的关系。因此，取得建造师执业资格的人出任项目经理，所从事的建造活动，比一般建造师所从事的专业活动范围更广泛、责任更大。

二、建造师的培养渠道

（一）项目经理的职业岗位素质

美国项目管理专家约翰·宾认为，项目经理应具备以下六大素质：一是专业技术知识；二是工作能力；三是成熟而客观的判断能力；四是管理能力；五是诚实信用；六是机警、精力充沛、能够吃苦耐劳。取得建造师执业资格，只表明其具备必要的专业技术知识，具有工程项目管理知识，但不意味着具备项目经理岗位素质要求。"会考不会做"的现象是存在的。因为

建造师与项目经理的区别与联系　　表1

			建造师				项目经理
性　质			强调个人执业，与国际惯例接轨，国际互认				企业内设岗位、法人一次性授权聘用
取得方式			通过建造师执业资格考试取得				经过短期培训，行政审批
学历执业年限要求		学历要求	专科	本科	双学士	硕士	博士	无要求
	一级	工作年限	6	4	3	2	无要求	
		管理年限	4	3	2	1	1	
	二　级		中专及以上学历，从事管理工作2年以上				无要求
执业范围			"一师多岗"，可以担任施工项目经理，其他施工活动的管理，法律、法规规定的其他活动				负责具体工程项目自开工准备至竣工验收，实施全面、全过程组织管理
主要联系	岗位趋同		取得建造师执业资格是担任项目经理岗位工作的前提条件，岗位主要是项目经理				
	雇主相同		都为建设项目业主服务，且都应遵守法律法规规定，接受主管部门的监督和检查				
	对象交叉		建造师担任项目经理，履行权利和义务；其他建造师在同一项目上接受项目经理管理				
过渡期内对应关系			一级建造师——一级项目经理，二级建造师——二级项目经理				

对项目经理的要求,除了专业技术和管理知识外,还有更多的能力要求。

(二) 从项目经理制度到建造师执业资格制度过渡的关键

目前,我国项目经理队伍的整体素质偏低,水平有待提高,结构不够合理的现象是存在的。在实行注册建造师执业资格制度以后,我们应该看到:在15万名一级项目经理队伍中,至少有一半项目经理由于学历较低不具备报考建造师的资格,理所当然地要被淘汰出局;有半数虽然取得建造师注册执业资格考试资格,也不一定都能全部考上;出现"会做不会考"、"会做不能考"的局面。我们期盼一大批新秀能脱颖而出,但绝大部分学历高者不愿从事施工一线技术和管理工作,愿意到施工一线工作者,相当部分又因年纪轻缺乏工程经验而出现"会考不会做",不能胜任项目经理职务。

我国每年新开工和在建的大中型项目15~20万个,按照规定,一个一级项目经理只能从事一个大中型项目的施工管理,约需15~20万名一级项目经理。在由项目经理制度向注册建造师制度过渡5年过程中,如何培养和造就出既符合建造师执业资格条件,又能胜任施工项目经理岗位要求的足够数量的建造师,顺利实现从项目经理制度到注册建造师执业资格制度的无缝对接,是最终决定注册建造师执业资格制度能否成功实施的关键所在。

(三) 从我国项目经理的来源看建造师培养渠道

据不完全统计,全国的建筑业企业有10万家左右,从业人员达3669万人,自1991年建设部颁发《项目经理资质认证管理试行办法》以来,经批准取得项目经理资格证书的有55万(也有100万人之说)人,其中一级项目经理15万余人,二级项目经理40多万人。

在2000年以前,我国高等教育实行的是精英教育,受人才培养目标定位的影响,绝大多数项目经理主要来源于中等职业技术教育。据对部分国有大型建筑施工企业项目经理学历结构分布的初步调查,70%~85%的项目经理最初学历都是中专学历。从全国一、二级项目经理的学历和职称构成看,本科以上并拥有中高级职称的项目经理,所占的比例还相当小,研究生或博士学位的更是凤毛麟角。在全国的15万名一级项目经理的队伍中,本科生比例只占了40%不到(其中相当部分是中专后参加成人教育或自考取得本科学历)。以文化层次较高的上海为例:3080多名一级项目经理中,具有专科以上学历的仅2118人,仅占68.8%。

改革开放20多年来,我国的建设事业飞速发展,从过去的功能单一的多层建筑到今天的功能复杂的智能超高层建筑,各行各业大中型建设项目的施工建设,一大批中专学历的建设者通过实践的锻炼,不断提高自身技术、管理水平和综合素质,成长为企业的骨干力量,取得一级、二级项目经理资格。在项目经理制度下,我国中等职业技术教育培养目标定位于施工一线技术和管理人才,为我国建设事业培养了一大批"下得去、留得住、用得上、干得好"的建设人才,在工程建设实践中培养锻炼出了占绝对优势的施工项目经理。

随着我国经济社会的发展,高等教育从精英教育走向大众化教育,一批中等职业技术学校发展成为高等职业技术院校,无论从院校数量、在校学生规模,都占据了中国高等教育半壁江山。高等职业技术院校作为我国职业技术教育的生力军和主力军,其人才培养目标定位就是生产一线高等技术应用和管理人才。社会用人单位对高等职业技术教育培养的人才的基本评价仍然是"下得去、留得住、用得上、干得好"。可以预见:建造师作为高等技术应用与管理型人才,在我国应用型本科教育机制不健全的情况下,高等职业技术教育培养的专科人才应该是也必将是注册建造师制度下施工项目经理来源的主渠道。高等职业技术院校应该而且必将肩负起这一重任。

三、建造师执业资格制度与学校教育的结合

(一) 建造师的定位与专业划分

建造师是以专业技术为依托、以工程项目管理为主业的执业注册人员,近期以施工管理为主。建造师是懂管理、懂技术、懂经济、懂法规,综合素质较高的复合型人员,既要有理论水平,也要有丰富的实践经验和较强的组织能力。建造师注册受聘后,可以建造师的名义担任建设工程项目施工的项目经理、从事其他施工活动的管理、从事法律、行政法规或国务院建设行政主管部门规定的其他业务。在行使项目经理职责时,一级注册建造师可以担任《建筑业企业资质等级标准》中规定的特级、一级建筑业企业资质的建设工程项目施工的项目经理;二级注册建造师可以担任二级建筑业企业资质的建设工程项目施工的项目经理。大中型工程项目的项目经理必须逐步由取得建造师执业资格的人员担任;但取得建造师执业资格的人员能否担任大中型工程项目的项目经理,应由建筑业企业自主决定。

不同类型、不同性质的建设工程项目,有着各自的专业性和技术特点,对项目经理的专业要求有很大不同。建造师实行分专业管理,就是为了适应各类工程项目对建造师专业技术的不同要求,也与现行建设工程管理体制相衔接,充分发挥各有关专业部门的作用。

(二) 报考条件对"工程类或工程经济类"专业界定的局限

报考条件对"工程类或工程经济类"专业的界定,系按我国普通高等教育本科专业目录确定为36个专业。其他专业显然为相关专业。

上述对报考条件的界定是按普通高

建造师专业划分与普通高等教育专业目录关系　　　　　　表2

建造师专业划分	普通专科教育专业目录	普通本科教育专业目录
房屋建筑工程	建筑工程技术、地下工程与隧道工程技术、基础工程技术、中国古建筑工程技术、建筑工程管理……	土木工程、建筑学、工程管理
公路工程	道路桥梁工程技术、高等级公路维护与管理……	交通工程、油气储运工程、测绘工程
铁路工程	铁道工程技术、城市轨道交通工程技术……	
民航机场工程	航空通信技术……	
港口与航道工程	港口工程技术、港口航道与治河工程……	港口航道与海岸工程、船舶与海洋工程
水利水电工程	水利工程、水利工程施工技术、水利水电建筑工程、水利工程监理……	水利水电工程、水文与水资源工程
电力工程	高压输配电线路施工运行与维护……	热能与动力工程、电气工程及其自动化
矿山工程	矿产开采技术、矿井建设……	采矿工程、矿物加工工程、勘察技术与工程、安全工程
冶炼工程	冶金技术、材料工程技术……	冶金工程、金属材料工程、无机非金属材料工程、材料成型及控制工程
石油化工工程	油气储运技术、石油与天然气地质勘探技术……	石油工程、化学工程与工艺、生物工程、制药工程
市政公用工程	市政工程技术、给排水工程技术……	环境工程、给水排水工程、建筑环境与设备工程
通信与广电工程	通信网络与设备、电子信息工程技术、有线电视工程技术、广播电视网络技术……	通信工程、电子信息工程、电子信息科学与技术、电子科学与技术、计算机科学与技术
机电安装工程	建筑设备工程技术、供热通风与空调工程技术、建筑电气工程技术、楼宇智能化工程技术……	机械设计制造及其自动化、过程装备与控制工程、测控技术与仪器、工业工程
装饰装修工程	建筑装饰工程技术、室内设计技术、建筑设计技术、环境艺术设计、园林工程技术……	

学校本科专业目录给出的,遗憾的是未考虑与普通高等教育专科专业目录的对应,而专科专业学历是允许报考的,表2分析表明专科专业目录因其按学科分类和职业岗位划分,因而与建造师专业划分更贴近。上述界定也和关于一级建造师14个专业划分,二级建造师10个专业划分从内涵上不能完全对应。

表2的专科专业目录与建造师专业划分的对照关系,尽管是笔者个人见解,但不难看出,既然建造师是以专业技术为依托、以工程项目管理为主业的执业注册人员,近期以施工管理为主。如果连管理的项目、管理的对象都不存在,或很模糊、或本身属于项目建成投产后运行管理的范畴,没有工程项目施工过程存在,项目经理岗位缺项,建造师也就无从执业。

"工程类或工程经济类"所界定的36个专业,除工程管理专业偏工程经济外,其他35个专业都是偏技术专业。所谓工程经济类专业,应主要指与工程造价相关的专业,而这些专业事实上被作为相关或相近专业进行界定。

由于建造师报考条件对专业界定的限制,我国高等教育(专科、本科)在建造师的教育培养方面很难准确定位。相关院校设置的与建造师执业范畴密切相关的专业,培养的人才很难找准自己的定位,直接影响建造师的人才培养与供给。

(三)"工程管理专业是我国建造师执业队伍的主要来源"的认识局限

有学者认为:"工程管理专业是我国建造师执业队伍的主要来源",对此笔者有不同看法。建造师是未来项目经理岗位的主要来源。在我国现阶段拥有的55万项目经理中,绝大多数来自非工程管理类专业。在完成由项目经理向注册建造师制度过渡后，我国建造师队伍主要将从非工程管理类专业产生。由于建造师专业划分为14个专业，不同专业技术差别较大，这些专业技术教育只能在不同的学科专业领域中完成，管理知识作为这些专业人才培养的共同需求，在专业教育的基础上予以必要的加强。任何一个工程管理专业都不可能让学生掌握如此众多专业学科知识，而只能是在以管理专业知识教育为主的前提下，提供有限的一到几个专业知识教育，扩展学生的能力，让管理这种理论工具落实在具体的专业管理范畴上。将来由建造师出任的项目经理岗位，要求的管理知识相当一部分将来自于从业人员的个人实践和经验积累。

（四）建造师执业资格制度与学校教育的有机结合

我国建造师执业资格制度才刚刚起步，尚未建立相应的执业资格教育标准。高等职业技术教育应根据建造师的执业资格定位，着力培养学生的工程项目建设管理能力，包括项目建设基本程序、项目策划与决策、项目组织管理、项目目标控制方法和手段等能力；教授必需的工程经济知识，包括工程量清单计价、资金的时间价值、方案比选方法、价值工程、寿命周期成本等知识；教授工程建设项目相关法律法规知识，工程建设标准及有关行业的管理规定；由于工程技术知识是建造师执业的主要依托、基本技能和手段，所以要重点教授专业工程技术知识，包括有关专业工程的施工技术、结构知识、材料知识和安装知识；同时要加强对学生综合素质的培养，使学生既要有理论水平，也要有丰富的实践经验和较强的组织能力。达到注册建造师执业资格要求与学校教育的有机结合，更好地推动注册建造师执业资格制度的开展，提高项目经理队伍的整体水平，提高建设工程质量。

四、结论与建议

我国建造师执业资格制度，对完善建设工程领域执业资格体系，规范建设市场秩序，落实质量安全责任，提高项目经理队伍素质，开拓国际建筑市场，保证工程质量，都具有十分重要的现实意义。

项目经理职业岗位要求较注册建造师执业资格要求更高。我国建造师职业资格制度才刚刚起步，还需要结合中国工程建设项目管理的实际情况，逐步完善。建造师是一种执业资格，项目经理是企业内设的职业岗位，项目经理岗位从业人员必须由取得注册建造师职业资格的人员担任。

我国成功推行了项目经理制度。过去项目经理主要来源于中等职业技术教育。今天根据我国高等教育发展的新形势，我国建造师职业资格制度的基本要求，可以预见：建设类普通高等教育本科类专业是培养注册建造师的重要方面，但建设类普通高等职业技术教育专科类专业才是注册建造师培养的主渠道。

我国建造师执业资格制度对报考条件的专业界定与建造师执业资格专业划分在内涵上不能完全对应，甚至出现缺位现象。普通专科教育专业目录系按学科和职业岗位划分，在内涵上能更好地覆盖建造师执业资格划分专业，且几乎没有缺位现象。高等教育应主动适应建造师执业资格制度对执业能力的要求，但建造师执业资格制度对报考条件的界定应更科学、更全面，以便正确引导高等教育人才培养目标定位。"工程管理专业是我国建造师执业队伍的主要来源"的观点不足取。

参考文献

[1] 关于印发《建造师执业资格制度暂行规定》的通知.《建造师》2005.1.P55
[2] 缪长江.我国实行建造师执业资格制度的发展历程.《建造师》2005.1.P1
[3] 刘伊生.中国建造师执业资格教育及考试标准.《建造师》2005.1.P8
[4] 杨　青.建造师培训与继续职业教育问题.《建造师》2005.1.P27
[5] 缪长江.建造师与项目经理的关系.《建造师》2005.1.P29
[6] 英国、西班牙、法国建造师执业资格制度.《建造师》2005.1.P34
[7] 国际建造师学会及美国的建造师执业资格制度.《建造师》2005.1.P39
[8] 热点解答.《建造师》2005.1.P67
[9] 杨　青.决定建造师执业水平高低之工程经济.《建造师》2005.1.P21

（作者单位：四川建筑职业技术学院）

（上接20页）

信息，2005(13)
[6] 张智钧.对实行建造师执业资格制度的再认识[J].中国林业企业，2004(6)
[7] 张英宝.对工程项目经理职业化的认识与思考[J].重庆建筑大学学报，2003(4)
[8] 李霞.英国皇家特许建造师制度[J].建筑经济，2003(9)
[9] 马玉武，赵体昌.谈施工项目管理中项目经理应具备的能力及作用[J].森林工程，1999(4)
[10] 程小萍.中国建筑企业走向世界势在必行[J].水运工程，2003(7)

（作者单位：北京建筑工程学院管理工程系）

建造师应具备的IT能力

◆ 包晓春

通用的IT运用能力，例如办公事务软件Word、Excel、PowerPoint与搜索工具的使用，是任何一位专业人士都应该具备的能力，这些通用的IT运用能力越强，工作起来就越顺手，工作效率也就越高。建造师当然应完全具备良好的通用IT运用能力。

此外，由于专业背景的原因，建造师往往还具备与自己原专业相关的IT工具的运用能力，例如很多人能够娴熟运用专业工具，像设计制图类软件、投标报价类软件、计划管理类软件、合同管理类软件、采购管理类软件等等。

然而，对建造师而言，仅仅具备通用的IT运用能力与良好的专业工具的运用能力是不够的。这是因为，不管是通用的IT能力还是专业工具的运用能力，都没有涵盖对建造师而言最关键的专业领域——项目管理的系统性IT技能与实现方法。那么建造师应该具备怎样的项目管理IT运用能力呢？下面的个人观点供商榷：

1. 建造师应了解现代项目管理的IT技术依赖性

（1）离开IT辅助，现代项目管理难以很好实现

建造师利用现代项目管理技术实行对项目的管理，项目管理技术运用得好坏直接影响建造师的管理能力。然而现代项目管理的集成管理、时间管理、成本管理、采购管理、沟通管理等没有IT的支撑是很难达到理想的效果。例如：

1）集成管理，是意欲在结构化的项目分解单元上，管理其不同的时间、成本、质量、安全、人材机、交付物、文档资料等等不同管理要素，要求可以按项目分解结构统计汇总，还要求可以按管理分类统计汇总这些管理要素，形成纵横交错又井然有序的、以管理对象集成多种管理内容的系统方法。实现集成的管理，无疑是具有相当可观的管理效益，但是由于集成管理系统性方法牵涉面广，没有IT系统的支撑是难以实现的。

2）时间管理，采用运筹学的关键路径法（CPM），将项目分解到一定层次后（或者说分解出项目的WBS后），根据工作的顺序，排列出过程中可控制的工作对象（工序、或称作业，往往比末层的WBS单元还小的对象），并将这些对象按先后工作顺序连接，形成整个项目的网络计划，再通过CPM计算得到工序的计划日期与关键路径，以便得到统筹安排的项目计划进度，并以此作为项目参与者的统一行动纲领，形成对时间的目标管理、动态跟踪方式。这一方法是最广泛应用的系统工程方法。这一方法的精良应用，会大大地提高计划进度管理（时间管理）能力。对大型复杂的项目而言，由于投资大，时间管理的价值是十分惊人的。然而，虽然CPM方法的数学模型十分简单，但是当项目比较复杂，工序很多时，手工进行CPM计算是很不现实的；即使项目不大，想使时间管理发挥出作用，必须进行必要的精细计划，此时工序的数量会剧增，不采用CPM软件计算也无法达到目的。

此外，在成本管理、采购管理、沟通管理领域也有很多类似的情况。例如，与工期计划动态吻合的投资计划，概算费用与分包费用及支付凭证的关联管理，等等，都是需要IT技术的辅助方能得心应手。

（2）IT的技术运用促进了现代项目管理的发展

1）IT系统使项目管理具象化

建造师在领会项目管理理论，形成项目管理理念后，一定会追求它的技术运用。通过PMO（项目管理办公室）演绎出符合自身企业的项目管理手册后，如不借助于IT系统来落实，很容易会重蹈像ISO9000在某些企业的旧辙，变成管理与实际两层皮，达不到初衷。相反，借助IT系统，可以使项目管理技术运用具象化，"管理的制度与流程通过IT系统落实令人感到可触摸、容易坚持"是普遍被认同的方法。

2）创新促进发展

与此同时，建造师们还应该知道，项目管理有今天的局面，与IT及高新技术行业对项目管理的认同与追捧是分不开的。由于IT行业人士的创新意识、特别能引领的特点，加上该行业的极度竞争性，使大型IT与高新技术企业的管理精英们不断思考创新的企业管理模式。他们首先发现项目管理的运筹协同思想是可以填补ERP的新管理手段，后来发现大部分IT企业可以按项目型企业来管理，于是在IT行业产生了大量的PMP，他们促进了项目管理技术在近10年来的飞速发展。

2. 建造师应了解项目管理软件与系统的本质区别

（1）项目管理软件与项目管理系统

(PMIS)的区别

项目管理软件和项目管理系统是不同的。凡是能解决项目管理任何相关业务的软件都可认为其是项目管理软件。例如有单一的进度管理软件、投资控制软件、合同管理软件、采购库管软件等等。至于项目管理系统（PMIS），则是按项目管理体系标准设计的，尤其是有具体功能体现项目管理之范围管理、集成管理、时间管理、沟通管理核心特色的，浓重体现"以计划为龙头串联的"，同时多少又涵盖质量、成本、采购、HR、风险等方面管理业务的整体解决方案。其次，需要区分的是，项目管理软件或系统又分为项目级和企业级的两种规模。前者是以解决单一项目（及其多子项目）的管理需求为主要目的的，可能与企业总部的管理系统是隔离的；后者则是站在企业的高度，作为企业整体管理系统的一部分存在的，常把它称为EPM或EPMS（Enterprise Project Management System）。

(2) 项目管理系统(PMIS)与管理信息系统(MIS)的本质区别

管理信息系统（MIS）解决的是管理信息的采集、存档、整理、统计、分析与使用的目的。以往多数用于工程项目的MIS系统，由于没有以项目管理体系标准进行设计，没有体现"以计划为龙头串联其他专业管理"的核心本质，系统显得思路不突出，对项目管理的引领和企业项目管理标准化的作用很弱，往往只能起到浅层的作用。可喜的是，目前很多企业或项目业主已经明白MIS系统不是项目管理系统（PMIS）。因此很多国内工程项目的业主已不再进行建设期的MIS开发，而是选择基于ＰＭＢＯＫ的、商品化程度高的PMIS，或将若干商品化的项目管理软件酌情予以集成形成建设期项目管理系统，达到运用项目管理之运筹协同的本质目的。另外，很多企业集团正在考虑在现有管理系统上整合入企业级项目管理系统（EPMS）。

3. 建造师应掌握现代项目管理IT运用的系统性方法

(1) 组织策略方面

1) IT系统不能没有环境基础

建造师应该知道，在建设IT系统前，一定要在组织内建立与之相适应的管理基础环境。企业通常已经有这样那样的针对项目特点和自身情况的管理体系与制度。但是很可能的问题是，这些体系与制度往往是基于某种思路策划的，例如很多以质量体系标准设计的，规范的是各自业务的行为流程、行业标准、行为质量，无法涵盖多行业之间的协调规则、行业的时间要素、行为的综合绩效要素等等。在领会项目管理原有体系标准的基础上，围绕与贯穿时间、成本的管理要素，落实时间、成本进行目标管理办法，使各项业务在既定质量的前提下围绕时间、成本"活化"起来。由于围绕时间做文章必然涉及计划，而精细的时间管理还必须先做到计划的深度运用，从而需要建造师规划出精良的计划运用与管理模式；由于围绕成本做文章必然涉及项目划分与预算划分计划，而精细的成本管理还必须先做到项目划分与预算计划的深度运用，从而需要项目建造师规划出精良的范围管理运用与管理模式；由于围绕成本做文章必然涉及先要有项目划分与组织划分计划，从而需要项目的管理组织和项目导向型企业规划出组织责任矩阵……简言之，建造师需要以系统的眼光，制定出一套按照现代项目管理体系标准、结合自身企业与项目特点的、落实项目管理"四控两管一协调"的、重点突出又具有可操作性的、考虑了通过信息系统大部分可以直接实现的项目管理手册，作为本组织或项目管理章程。没有相应的章程，IT系统会成为"空中楼阁"，难以持续发展。

2) PMO而不是IT部门牵头建设项目管理系统

当前国内工程建设领域IT系统建设成效如何，与IT系统建设模式有直接关系。当前，最大的问题是将管理系统的IT建设简单地交由IT部门负责组织实施。但是，大部分工程相关企业的IT部门不管是人员数量还是人员能力都难以胜任这一艰巨的任务。项目管理在企业的落地，需要设置PMO（项目管理办公室）或类似的机构，作为企业项目管理规划、设计、组织执行的负责部门。项目管理软件和系统是整个项目管理导入的一部分工作，软件与系统如何使用应受PMO的指挥与指导，软件与系统的建设目的只是为项目管理成为"有形的东西"。鉴于PMO的人相对系统地理解了企业本身、项目管理、IT软件与系统，他们考虑问题的着眼点是解决管理问题、建立管理标准，而IT部门的人考虑问题可能会局限于"系统安装与运行"。多项实践表明，让项目管理办公室主导项目管理系统的建设，成功率较高。

(2) 技术策略方面

项目管理软件与系统种类很多很多，何况有些从严格意义上讲不是项目管理软件或系统的产品也声称自己是项目管理软件或系统。对建造师而言，知道有多少软件或系统品牌是次要的；是否会使用、摆弄一些项目管理软件或系统也是次要的。最重要的是要了解如何评价一个软件或系统是否是你需要的项目管理系统。

项目管理的软件相对比较简单，提供的是某一方面的功能，例如计划进度管理、投资控制管理、合同管理。当选择这类软件时，建造师需要明白自己是用于单一项目，还是希望同时管理多项目的。如果要用一套软件同时管理多个项目，要看看软件是否是真正多用户功能（指同一时刻不同用户对同一软件进行使用）；如果管理的还是远程的多项目，则还要看看产品是怎么实现远程访问的。单一软件的引入比较简单，对组织的IT成熟度、项目管理成熟度要求不会很高，基本上是涉及几

（下转43页）

英国特许建造学会的专业资格、教育框架以及国际认可

◆ 迈克·布朗 刘梦娇

一、CIOB简介及其专业资格

英国特许建造学会(以下简称CIOB)是一家主要由从事建筑管理的专业人员组织起来的、为建筑和建造环境领域的管理人员授予专业资格的领先的非营利性质的学会。学会成立于1834年,至今已有170多年的历史。在过去40年的时间中,学会一直是在建筑业内建立、推行以及维护最佳标准的先驱;并且以全球的眼光和步伐致力于建筑管理人才的培养和教育。

学会发展至今,拥有42000名个人会员,遍及世界上90多个国家。其中超过8000名是在英国本土之外的国际会员,之中又有将近1000名各级会员分布在中国大陆。除了设在英国的总部,CIOB在澳大利亚、中国大陆、中国香港、新加坡、马来西亚、南非和爱尔兰共和国设有学会的办公室。

CIOB的会员具有不同的层次,其中最高的两个层次的会员,资深会员(FCIOB)和正式会员(MCIOB),被称为"特许建造师"(Chartered Builder),该资格已成为业内最高级别的专业资格,代表了对个人在学术领域以及工作实际能力的认可。

在英国工业革命期间,学会于1834年成立,建立之初的名称为"Builders' Society",意为"建造者之家"。当时,建筑业的改革如火如荼,而CIOB的多数会员是英国建筑行业的领导。在建筑行业发展的一百多年中,CIOB始终扮演着领导者的角色,并且一直致力于设立针对建筑业专业人士的考核体系。在20世纪60年代,CIOB开发出一套基于技术和管理的新课程体系,其中,作为该课程体系基础之一的管理,是第一次提出。这与在其他多个行业中发展的关于管理方面的教育相一致。CIOB是第一个、并且也一直都是将管理作为建筑教育的核心来进行发展的专业学会。发展初期,这主要针对行业内的高级商务职务,但是随后又扩大至各个级别和不同的职务,比如现场管理和监督、建设项目管理以及设备设施管理。现在,又进而扩大至一系列贯穿建筑和建造环境领域的、广泛的管理和专业职务,包括人力资源管理、财务管理,以及商业发展。

CIOB不仅授予专业资格,还授予:现场管理和维修管理文凭;现场管理、维护管理和控制、建筑承包的英国国家职业资格(NVQ)第四级;以及建设合同管理、建设项目管理的NVQ最高级别——第五级。NVQ是基于能力基础之上的资格,对申请者个人执行任务的能力和成绩,按照国家认可的标准进行评估。CIOB与英国土木工程师学会(ICE)联合授予这些NVQ资格。

CIOB同时还开办一个为期三年的硕士文凭业余培训,旨在培训那些自非建筑专业毕业的本科生,使其能够通过培训成为建筑管理领域的专业人士。这个培训计划由英国建筑业培训委员会(CITB)与一些大型承包商在资金方面提供支持。

二、CIOB教育框架

1. CIOB教育框架简介

CIOB教育框架为那些希望在建造领域内从事专业管理或者一般管理的人员所必需进行的教育的基础标准进行了定义。这些专业或者一般的管理涵盖了房建、建筑以及建造环境领域内的各个管理职务:包括设计管理和生产管理,以及建筑物的维护和改造、维护或拆除所必需的管理技巧。

CIOB教育框架由CIOB教育与会员资格委员会开展,随后经CIOB理事会批准并授权。教育框架支持CIOB的系列文件,包括《CIOB专业行为和能力规范》、执业道德行为等。

教育框架建立了在建造环境领域中所需要的实际经验,从而巩固申请者的学习;同时还使理论知识与对行业内最佳实践的理解结合起来,这些对最佳实践的理解包括健康、安全、福利,以及环境的可持续性。

教育框架还着眼于发展以下各种技能:学习的技能;在工作中所需的判断力、分析、沟通以及可转换的技能。这些技能促进了专业的发展,并且与CIOB的会员资格相结合。

2. 教育框架的要点

教育框架包括以下要点:

- 基础知识的核心;
- 涵盖多个专业;

注:英国特许建造学会的英文全称是 The Chartered Institute of Building,简称CIOB。

- 多学科实践，建立在知识体系、研究和实践的发展基础上；
- 在创造和管理建造环境的过程中，现有的文化价值和社会价值；
- 在创造和管理建造环境的过程中，对道德责任和专业操守的关注；
- 着眼于学习成果的方法，构架分以下三个层次：

第1层次：原理和规则；第2层次：分析和应用；第3层次：综合和评价。

这里，学习成果可以表述为"在考核时，学生应该能够……"。在本文后半部分，将对考核学习成果的不同方法进行介绍。

各个层次的学习成果，则具有以下四个要素，分别为：建筑技术，建筑环境，专攻，技能。

下图形象地表示了在3个不同的学习层次中，各自所包含的4个要素之间的平衡关系：

对于本科和研究生层次上的教育计划而言，CIOB教育框架为其提供了发展的框架。然后根据此，CIOB对大学的教育计划进行评估。各个层次学习成果之间的边界，以及各个组成要素之间的边界必须具有相当程度的灵活性，从而可以根据建造环境中各个领域的需求，发展一系列对应的教育计划。在此教育框架中设计的课程，鼓励将各学科进行综合，鼓励学生取得不断的进步。

此教育框架提供了一种在技术与管理领域之间知识和技能的平衡，以及在理论和实践中学习之间的平衡。

教育框架适用于拥有不同资格、具有不同经验的各类申请者。

3. 教育框架的外部评估与监督

CIOB教育框架遵循英国建筑业委员会标准委员分会制定的框架，并根据英国建筑业委员会的学习成果进行评估。英国建筑业委员会的网站是www.cic.org.uk。

对于英国大学的各个学科，英国"高等教育质量保证机构（QAA）"给出了基础的标准。CIOB的教育框架即是按照"建造和测量"学科的基础标准而设立的，并且对每一层次的学生都给出了指导。QAA的网站是www.qaa.ac.uk。

4. 学习成果

为了给课程设计者提供帮助，CIOB教育框架还对以下4个专业课程的学习成果进行了表述，这4个专业课程是：建筑管理、设计管理、物业管理和商务管理。这些专业课程还可以分别分解为一些更小的课程，如下表所示：

建筑管理	施工管理 项目管理 维护管理
设计管理	建筑学技术 土木工程
物业管理	设备设施管理 建筑测量
商务管理	测量 财务管理 商务开发

关于这些学习成果的更详细的介绍，请登陆CIOB网站查看：www.ciob.org.uk 点击'Key areas/Education'选项。

5. 评估

自CIOB教育框架发展的教育课程，可以使用多种方式进行评估，例如考试、持续对课程作业进行考核、对任务和项目作业打分、技能测试、讲演、面试、经验学习考核、基于工作的学习等等。

三、国际认可

根据1988年12月21日签订的89/48/EEC欧洲执委会指令，专业人士可以在欧盟国家间自由流动，因此，CIOB的会员资格在欧盟任何一个国家内都被认可。该指令具有法律地位，任何一个国家如果因为拒绝承认CIOB会员资格，将会被起诉至欧洲法庭。

CIOB还与丹麦、西班牙等国的相关组织签订了关于教育框架的互认协议。其中CIOB与美国建筑教育委员会（ACCE）和美国建造师学会（AIC）分别签订了互认协议；CIOB与澳大利亚建造师学会（AIB）和澳大利亚项目管理学会（AIPM）也分别签订了互认协议。

2002年4月，CIOB与中国建设部高等教育工程管理专业评估委员会签订了"中英工程管理专业教育评估互认协议"。根据此互认协议，所有经建设部高等教育工程管理专业评估委员会评估通过的院系的工程管理专业，均为CIOB认可。

CIOB同时还在许多国家和地区直接评估工程管理专业，例如中国香港、南非、马来西亚、新加坡、爱尔兰共和国等。

（本文为2005建造师国际论坛主题发言，作者分别系CIOB副首席执行官、国际部主任，CIOB中国地区经理）

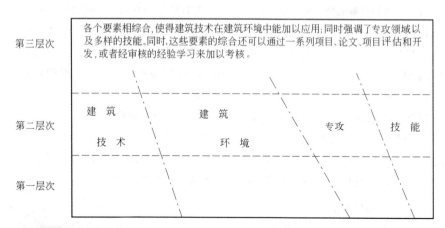

日本的建设技术管理者制度

◆ 古阪秀三

1. 序言

关于日本的建设技术人员的从业资格，在"《建设业法》"[*1)]、"《建筑士法》"[2)]、"《建筑基准法》"[3)]、"《技术士法》"[4)]等建设法规中有具体的规定。另外，在《劳动安全卫生法》[5)]以及《职业能力开发促进法》[6)]等法规中，对建设技能劳动者的职业资格要求，也做了较为详细的规定。

本文就"《建设业法》"中涉及建筑施工企业的从业许可资质及建设技术人员执业资格的有关规定进行简要介绍，并针对建设技术人员资格制度进行讨论。

在"《建设业法》"第2条中，对"建设业"、"建设业者"、"下请契约"、"发注者"、"元请负人"、"下请负人"等术语作了如下的定义。

"建设业"是指获得工程建设权的企业或个人对承揽的工程所进行的相关活动。

"建设业者"是指取得从业资格，从事建设活动的企业或个人。

"下请契约"是指总包单位与分包单位以及分包单位之间，就全部建设工程或者部分建设工程而签订的承包合同。

"发注者"是指工程建设项目的所有者或经营者。

"元请负人"是指工程项目的总承包单位，它可以作为发包人同分包单位签订

---

* 为区别起见，本文中的日文专业术语用""引号加以表示。例如："《建设业法》"、"建设业"、"下请负人"等。

分包合同。

"下请负人"是指同总包单位签订分包合同，从事工程项目分包的企业或个人。

2 建筑施工企业的资质管理制度

日本的建筑施工企业的从业许可资质制度，主要具有以下3个方面的特征。

（1）"《建设业法》"作为从业资格标准的法律依据，通过对承包商的资格条件及有关手续作出具体规定，来保证从业资格的公平性和透明性。

（2）为保证建筑市场的公开性和竞争性，"《建设业法》"所制定的标准是从业资格的基本标准。

（3）无国籍限制

在日本，除了小型的建设工程之外，其他的"公共工事"(政府投资工程)及"民间工事"(民间投资工程)都必须取得从业资格，才可进行施工。这里所指的小型建设工程是指承包合同额不超过1500万日元的工程总承包工程、承包合同额不超过500万日元的非工程总承包工程、建筑面积不超过150m²的木造住宅工程（工程合同金额不限）等。

2.1 从业许可资质的种类

（1）从业许可资质的区分

按照从业许可资质证书的颁发机构，日本的从业许可资质分为"大臣许可"（日本国土交通省颁发的许可）和"知事许可"（都、道、府、县知事颁发的许可）两种类型。

在成立承揽工程业务的企业（法人单位）之前，企业须向企业所在的都、道、府、

县申请"知事许可"。例如在东京都设立具有独立法人资格的施工企业，须取得东京都知事颁发的许可资质。在京都府设立具有独立法人资格的施工企业，必须取得京都府知事颁发的许可资质。

企业在两个以上都、道、府、县分别设立可独立承揽工程业务的分支单位时，必须取得"国土交通大臣"颁发的许可资质。

企业承揽的工程项目，不受企业所在都、道、府、县的限制，企业可从事企业所在地区以外其他府县的工程项目。例如，取得京都府知事许可资质的施工企业，虽然其经营业务必须在京都府内进行，但是根据签订的工程合同内容，也可以从事京都府以外地区的工程项目的施工。

另外，针对工程总承包项目，按照总包单位与分包单位签订的分包总额的多少，分为"一般建设业"与"特定建设业"两种从业许可资质。总承包企业在承包以下类型工程时，需持有"特定建设业"从业许可资质：

①分包总额超过4500万日元的工程总承包项目。

②分包总额超过3000万日元的非工程总承包项目。

以上所称的分包总额指的是总包单位与分包单位签订的一次分包合同总金额，分包单位与分包单位进行的二次分包以上的合同金额不计入在内。日本制定"特定建设业"从业资格制度，目的是为了加强对总包单位资质的管理，以保护分包企业的合法权益。

从业资格许可资质划分类别　　　　　　　表1

土木一式工事 (土木工程业)	建筑一式工事 (建筑工程业)	大工工事 (木工·模板工程业)	左官工事 (抹灰工程业)
とび·土工·コンクリート工事 (脚手架·土方·混凝土工程业)	石工事 (石工工程业)	屋根工事 (屋面工程业)	电气工事 (电气工程业)
管工事 (管道工程业)	タイル·れんが·ブロック工事 (瓷砖·砖·砌块工程业)	钢构造物工事 (钢结构工程业)	铁筋工事 (钢筋工程业)
铺装工事 (道路工程业)	しゅんせつ工事 (疏浚工程业)	板金工事 (钣金工程业)	ガラス工事 (玻璃工程业)
涂装工事 (涂刷工程业)	防水工事 (防水工程业)	内装仕上げ工事 (装饰工程业)	机械器具设置工事 (设备安装工程业)
热绝缘工事 (热绝缘工程业)	电气通信工事 (通信工程业)	造园工事 (园林工程业)	さく井工事 (深井工程业)
建具工事 (门窗工程业)	水道施设工事 (给排水工程业)	消防施设工事 (消防设施工程业)	清扫施设工事 (清扫设施工程业)

注：括号内为中文翻译。

(2) 建筑施工企业的从业许可资质类别

如表1所示，按建设工程专业类型，日本建设业共设有28种从业许可资质。企业仅限在所持有资质规定的范围内从事相应的业务，企业可同时持有多种专业的从业许可资质，政府允许企业随时申请追加其他专业的从业许可。在日本有相当数量的施工企业同时持有28种专业许可资质。

2.2 建筑施工企业获取从业许可资质的必要条件

建筑施工企业为了取得从业许可资质，须满足以下(1)～(5)所要求的条件。

(1) 必须配备常务管理负责人。

常务管理负责人是指负责处理对外经营业务，并对企业进行综合管理的领导者。

(2) 必须配备相应的专业技术人员。

专业技术人员是指隶属该企业，专门从事技术管理的工作人员。为确保建设施工单位能够正常履行工程项目承包合同，各施工单位在申请从业许可资质时须按要求配备相应的专业技术人员（具体要求详见第3章内容）。

(3) 具备履行承包合同的可信度。

(4) 具有可履行承包合同的资金能力（具体要求详见表2）。

(5) 其他要求条件。

"一般建设业"与"特定建设业"从业许可资质要求　　表2

"一般建设业"	"特定建设业"
至少满足以下条件之一	必须满足以下所有条件
① 自有资本金在500万日元以上	① 企业亏损额不超过资本金的20%
② 500万日元以上的流动资金	② 流动比率在75%以上
③ 申请之日前连续五年的经营业绩	③ 资本金在2000万日元以上
	④ 自有资本金在4000万日元以上

"《建设业法》"中的建设技术者制度　　　　表3

许可资质类别		指定建筑工程业(7种类)		其他建筑工程业(21种类)	
建筑企业执业资格	许可种类	特定建设业	一般建设业	特定建设业	一般建设业
	企业专业技术人员资格	(a) 一级建筑施工管理士 一级建筑士 建设大臣特别认定者	(b) 一级/二级建筑施工管理技士 一级/二级建筑士	(c) 一级建筑施工管理士 一级建筑士 建设大臣特别认定者	(d) 一级/二级建筑施工管理技士 一级/二级建筑士
施工现场的技术者制度	①	特定建设业	一般建设业	特定建设业	一般建设业
	②	3000万日元以上*1	少于3000万日元*1	3000万日元以上*1	少于3000万日元*1
	③	监理技术者	主任技术者	监理技术者	主任技术者
	④	同(a)	同(b)	同(c)	同(d)
	⑤	在政府投资工程项目种，承包金额超过2500万日元*2			

*1：总承包工程项目中分包金额为4500万日元。
*2：总承包工程项目中分包金额为5000万日元。

2.3 建筑施工企业从业许可资质的有效期限

建筑施工企业的从业许可的有效期一般为5年。企业在有效期满之前须进行资质的更新申请。

3 技术人员资格制度

如2.2（2）项所述，"《建设业法》"规定建筑施工企业根据其从业许可资质的要求，必须拥有相应专业的技术人员。而且，为确保施工的正常进行，建筑施工企业在所承包的建筑工程施工现场，必须配备具备资格的技术人员（"主任技术者"或者是"监理技术者"）来进行现场的技术管理。

3.1 建筑施工企业及施工现场应配备的技术人员

根据"《建设业法》"的有关规定，建筑施工企业及施工现场应配备的技术人员的情况如表3所示。以下就表3的具体内容进行说明：

（1）表3的上半部分表示的是建筑施工企业的技术人员应具备的执业资格

其中designated construction Business是根据施工技术的综合性、施工技术的普及状况等因素，政府通过行政法令将"土木"、"建筑"、"管"、"钢构造物"、"铺装"、"电气"、"造园"等7种专业工程从前述(表1)的28种工程类型中划分出来，统称为指定建设工程。其余的21种专业工程统称为其他建设工程。指定建设工程和其他建设工程再进一步划分为"特定建设业"资质与"一般建设业"资质。对申请"特定建设业"资质与"一般建设业"资质的企业要求配备相应条件的执业资格人员。

（2）表3的下半部分表示的是施工现场的技术人员应具备的执业资格

按照指定建设工程和其他建设工程两部分，就以下五个方面具体地进行了规定：

① "特定建设业"与"一般建设业"；
② 总承包工程中分包金额的总计；
③ 施工现场应配备的技术人员；
④ 技术人员应具有的资格条件；
⑤ 施工现场的常驻技术人员。

（3）前面阐述内容的小结

① 根据工程类型，从业许可资质被划分成28种类型；
② 按照工程分包金额的多少划分成"特定建设业"资质和"一般建设业"资质；
③ 按照企业的设立地区分成"大臣许可"资质和"知事许可"资质。

日本建筑施工企业的从业许可资质基本上是根据上面3个范畴的组合来决定。全部的组合为28×2×2＝112种。工程项目需要配备什么专业的技术人员，技术人员应具备什么样的资格条件，可以根据以上介绍的组合来加以确定。

出于向社会公开展示建设企业的合法从业资格，"《建设业法》"规定建筑施工企业应对外开放其所从事的经营或施工活动。企业在施工现场有张贴、悬挂反映工程基本情况标识的义务。通过施工现场的工程标识牌，可以对建筑施工企业的从业许可制度有一个粗略地认识。下一节将通过对施工现场工程标识牌的分析来进一步理解日本的建设技术者制度。

3.2 关于技术人员制度的实例分析

图片1 京都大学新筑工程施工现场

图片1为笔者工作的京都大学的施工现场。图片左前方，白色临时性围墙内的建筑物是仍在施工中的建筑物，在白色围墙的一角挂有图片2所示的工程标识牌。

图片2中用椭圆形标画的"建设业的许可票"字样的标识牌，是"《建设业法》"规定的必须悬挂的标识。图片3是图片2的扩大显示，图中椭圆形标画的部分分别标有"监理技术者"、"一级建筑士"、"特定建筑士"、"建筑工事业"等字样。

根据第2章的介绍，从该标识牌可以看出担负该工程施工任务的建筑施工企业，具有建筑工程总承包的从业许可资质；施工现场配备专门的"监理技术者"，该"监理技术者"为具有"一级建筑士"执业资格的技术人员。同时从标识牌中还可以看出从事施工的企业具有日本国土交通省颁发的"大臣许可"资质。

图片4是东京市内某工程项目的工程标识牌。该施工现场还专门配置了具有"一

图片2 京都大学施工现场的工程标识牌

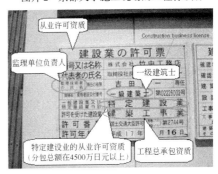

图片3 建筑施工企业的从业许可资质

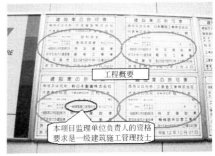

图片4 东京市内某施工现场的工程状况标识牌

级建筑施工管理士"资格的监理技术人员，从图片中可以看到"电气工事业"和"机械器具设置工事业"等从业许可资质的字样。

图片5显示的是总理大臣官邸工程的工程标识牌，承担该工程的建设企业也必须按照《建设业法》取得相应的从业许可资质并配备相应的技术人员。

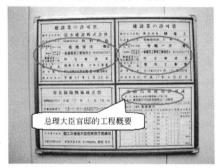

图片5　总理大臣官邸工程的工程标识牌

4 施工现场的组织结构及相关业务

4.1 工程总承包企业及专项分包企业的现场组织结构

图片6表示的是日本典型的工程施工现场组织机构图。

(1)图片6中上方椭圆形中表示的是general contractor(工程总承包企业)的组织结构形式

施工现场的技术人员一般由"作业所长"、"主任"和"系员"等组成。这些技术人员都可担当"监理技术者"的

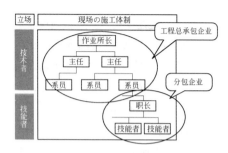

图片6　施工现场组织机构图

相应业务。"主任"接受"作业所长"的领导，"系员"接受"主任"的领导。需要说明的是分包总额低于4500万日元的工程总承包项目及分包总额低于3000万日元的非工程总承包项目可以只设置"责任技术者"，而无须配备"监理技术者"。

(2)图片6中下方的椭圆形中表示的是专项分包企业的施工现场的组织结构形式

分包企业的现场人员由"职长"和"技能者"组成。企业根据本企业的从业许可资质配备相应的技能人员。例如与"大工工事业"从业许可资质相对应的为模板工职业资格，与"铁筋工事业"从业许可资质相对应的为钢筋工职业资格。

根据《职业能力开发促进法》，技能人员的资格分为"一级技能士"(相当于一级技师)和"二级技能士"(相当于二级技师)等职业资格。最近，更高层次的"基干技能者"资格正被逐步加以普及。但是

现阶段"基干技能者"资格仍是任意性资格，尚未作为国家承认资格进行推广。目前，无论是在法律上还是法规上都未对施工现场的劳动者资格作出相应的具体要求。针对这一问题，日本建设业界正在加强完善技能劳动者的资格制度，并将其作为一项措施，来逐步提高技能劳动者在社会中的地位。

4.2 "建筑工事业"者的现场组织案例

图片7是十多年前建设的东京市政府办公大楼工程(图片8)的施工现场组织机构图。该工程属大型工程项目，现场组织结构形式分成"作业所长"、"作业副所长"、"课长"、"主任"、"系员"5个管理层次。施工单位是由多个承包企业共同组成的联合体(Joint Venture)。

4.3 现场技术人员的工作任务和作业时间分配

建筑施工企业的总部、分支单位、施工项目部之间的相互关系以及现场技术人员的具体工作内容如图片9所示。大致包括调度会、制定工程计划、编制工程资料、现场巡视·监督、检查·验收、其他管理事务等。各管理层在工程中各自具体的作业时间分配如图片10所示。

通过对3个管理职位的业务时间的比较，"作业所长"在资料的作成上花费时

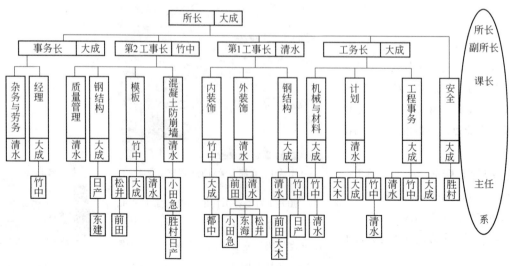

图片7　施工现场的组织机构图

图片8 东京市政府办公大楼外貌

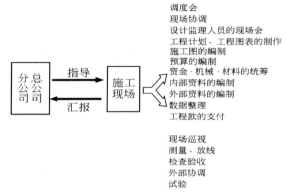

图片9 公司组织机构关系及现场管理人员的工作内容

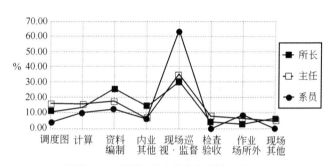

图片10 工程管理业务的作业时间分配图

间较多,"系员"50%以上的业务时间用于现场巡视·监督。

5. 结束语

本文是笔者于2005年10月16、17日在中国海南省三亚市举行的国际建造师论坛大会上的演讲稿经过整理后的文稿。希望读者通过本文对日本建设技术者及技能劳动者资格制度的简要介绍,能够对日本的技术人员资格状况有所了解。

近来,为了保证建筑施工质量,施工现场的技术人员的问题已逐渐得到了中国建设业界的重视。根据笔者所了解的情况,技能劳动者的资格问题也将逐渐成为今后进一步深入探讨的课题。

参考文献

1) 建设业法（最终改正：2005年7月26日法律第87号）

http://law.e-gov.go.jp/htmldata/S24/S24HO100.html

2) 建筑士法（最终改正：2004年12月1日法律第147号）

http://law.e-gov.go.jp/htmldata/S25/S25HO202.html

3) 建筑基准法（最终改正：2004年6月18日法律第111号）

http://law.e-gov.go.jp/htmldata/S25/S25HO201.html

4) 技术士法（最终改正：2000年4月26日法律第48号）

http://www.engineer.or.jp/gijutsusi/Houritsu.html

5) 劳动安全卫生法（最终改正：2005年11月2日法律第108号）

http://www.houko.com/00/01/S47/057.HTM

6) 职业能力开发促进法（最终改正：2005年7月26日法律第87号）

http://law.e-gov.go.jp/htmldata/S44/S44HO064.html

7) 国土交通省："Construction License System and Procurement Procedures for Public Works in Japan"

8) 国土交通省近畿地方整备局建政部建设产业课："建设业法に基づく适正な施工体制と配置技术者"、2004.6

9) 古阪秀三："Construction License System and Procurement Procedures in Japan"、International Forum of Contractors(IFC) 2005, Sanya China

10) 建设业技术者制度研究会："建设业法と技术者制度(改订6版)"、大成出版社、2004.10

（本文为2005建造师国际论坛主题发言,作者系日本京都大学大学院工学研究科建筑学专攻副教授）

研究与探讨
Yan Jiu Yu Tan Tao

英国建筑领域专业学会的作用与启示

◆李世蓉

英国建筑领域专业学会、协会简介

在英国，建筑行业的协会、学会对建筑业的发展起着重要的作用。他们不仅对建筑业进行行业管理，还制定各种行业规范，有些还参与政府制定建筑业的有关法规。这些行业的协会、学会一般有两种类型：即以团体（指机构）会员为主的协会和以个人会员为主的学会。但近年来也在发生变化，一些协会也发展个人会员，如英国的 APM（英国项目管理协会），而一些学会也在发展团体会员，如英国的 CIOB（英国皇家特许建造学会）。而通过不同专业协会、学会对企业资格和专业人员资格标准的制定，从而实现了企业与个人资格的管理的社会化。而这些协会、学会始终把不断提高相应的资格标准看作其宗旨。

英国建筑领域的学会、协会很多，但获得皇家特许资格的学会却很少，共有九个，他们是：

建造师学会 (The Chartered Institute of Building)

测量师学会 (The Royal Institute of Chartered Surveyors)

土木工程师学会 (The Institution of Civil Engineers)

建筑师学会 (The Royal Institute of British Architecture)

规划师学会 (The Royal Town Planning Institute)

建筑设备工程师学会 (The Chartered Institute of Building Services Engineers)

结构工程师学会 (The Institute of Structural Engineers)

建筑技术学会 (The Chartered Institute of Architectural Technologists)

建筑景观学会 (The Landscape Institute)

英国建筑领域的四大专业学会，即测量师学会(10万会员)、土木工程师学会(8万名会员)、特许建造学会(4万名会员)以及建筑师学会(3.5万)，是英国建筑领域最具影响的几个学会，其会员数占 CIC（建筑业委员会）全体会员人数的 70%。

CIC 成立于1988年，开始时只有五个会员单位，发展至今已成为英国最大的一个涉及到建筑领域的团体。建筑业委员会在英国建筑业中发挥着巨大的作用。目前已有会员350000人（专业人士），19000个建筑公司。它是融建筑领域专业团体、研究机构以及其他专业学会的代表为一体的组织。上面提到的九个皇家特许学会均属于 CIC 的会员单位。

建筑业委员会所从事的活动范围很广，涉及到建筑领域的政治、实践、研究、教育、职业发展与环境。其使命是支持委员会制定的各项计划的实施。

启示：英国的学会、协会很多，但授予皇家资格的很少，他们在专业资格上具有领先的地位。为了加强各类专业协会、学会之间的协调，建立了如 CIC 等机构。许多学会在发展中其重要的目标之一就是早日获得皇家的认可。

政府的作用及与专业社团的关系

从学会的行政管理看，政府与学会并没有直接的关系。要说对学会的间接管理，那就是政府通过制定相应法规来约束社会机构的行为，以维护社会公共利益。不过，政府与学会的联系就非常频繁了，学会始终是政府依靠的主要力量，如参与政府有关部门制定行业标准、规范，组织实施政府有关政策、法规。正是这些学会、协会对企业、个人资格标准、行为准则的建立和执行，使政府从这些烦琐的事务中真正地解脱出来。

为了不断提高建筑业整体水平，政府也牵头组织制定相关的国家职业资格标准，简述如下。

1981年，英国政府颁布了新的培训方案，提出如果行业劳动力按照最佳国际惯例的标准工作，那么该行业的竞争力将得到进一步的提高。"这个方案的核心是一种新的标准，这种标准应该是清楚的、经批准了的、可评价的、灵活的、严格的和可用以测试的"。

英国各行业在政府的鼓励下，从1986年开始制定这些职业资格标准。这些标准描述了高质的工作所产生的成果。它们不仅要求人们需要知道什么或是他们需要具备什么技能,而是同样要求人们必须把这些知识和技能运用到工作实践中去。它强调的不是过程而是结果。这些标准由各行业的从业者们制定。

制定出的这些标准构成了英国国家职业资格(NVQ)共5级的框架体系,即从第一级(最基本的技能)到第二、第三级(包括熟练的技工、监督员和技术员),最后到第四、第五级(高级专业人员或经理)。2005年最新版标准还将部分资格划到了6、7、8级。

与传统的"纯学术"考核程序相比,英国国家职业资格是一种全新的方式或者说是一种补充。该资格直接与从业人员的实际能力挂钩,并允许个人申请五个层次中的任何一个,只需要申请者能够提供标准中所要求的知识和经验。英国国家职业资格同传统的资格认证之所以不一样,就在于在考核申请者实际工作经验的同时,还要考查申请者知道什么,以及能够做什么。

英国国家职业标准对许多学会和协会而言,具有很大的价值。这些标准能够广泛运用于企业人力资源的开发。例如,企业可将职业资格运用于招聘、挑选、工作分析,确定培训需要、训练以及职工评价;培训教师可将其运用于课程设计、课堂演讲计划;项目业主把它用于选择承包商和进行工程质量评估;个人用它来确定个人发展目标;组织机构则用它来检验和确定成员的资格。

国家职业资格标准由分项标题、业绩评判标准和范围说明组成,被划分为几个大项,分别涵盖了不同的评估领域。

英国建筑业常设会(CICSC)设立于1990年,其下设标准委员会,负责编制国家职业资格标准,这个标准对建筑业的主要职业进行了规范。另外还有一个机构是专门编制较低层次职业标准的委员会,把这两者结合起来共同编制在建筑业要胜任各种工作必须具有的一些基本技能与能力的资格框架,分别制定出技术方面、管理方面和专业方面的不同等级的标准。目前已为建筑业编制了100多项标准,这些标准覆盖了建筑业的许多工作领域。在这些标准中,有50多个3级以上(含3级)的职业资格标准(最新的数据有所增加),它所涉及的面很广,包括了建筑领域的各种岗位,如现场监督、现场管理到项目管理;针对施工现场、财务、经营和设备的相关管理,也为建筑学、设计、测量、结构等方面编制了许多标准,这些标准是通过详细的研究,最后规定了在这些行业和领域工作的人员必须具备某些技能和资格的要求。

英国国家职业资格标准的建立,涉及到许多相关的组织和部门,简述如下:

英国国内的许多组织参加了发展、交付、授予英国国家职业资格和维护职业资格质量的工作。

英国教育和技能部(DFES)是政府的一个职能部门,主要负责教育、培训和终身的学习。它与国家职业资格的联系主要表现在它负责批准标准的制定机构。

英国资格与课程机构(QCA)由英国政府设置,用于确保英国国家职业资格能够在不同的部门间具备可比性。QCA支持相关的组织以发展英国国家职业资格标准并为该职业资格创建一个清晰的构架。

标准的制定机构(通常是NTOs)负责确定、定义和更新职业资格标准。NTOs是独立的、代表雇主的、关注于招聘等特定领域的机构。在建筑行业内,与其相关的组织有CITB和CICSC。英国建筑业常设会是一个英国国家职业资格标准的制定机构,旨在为专业人员、管理和技术人员在计划、施工、物业及其他相关的工程服务方面制定标准。在英国建筑业委员会(CIC)中,该常设会称为英国建筑业委员会标准委员会(CICSC)。而CITB是专注于施工领域的一个相关组织。

授证机构负责批准英国国家职业资格的评估中心以及确保其评估的职业资格质量。例如,Edexcel就是英国领先的一个授证机构。

而评估中心则是由授证机构批准的。例如,从1997年开始,Edexcel已经批准了267个评估中心,这些评估中心专门负责评估施工和建造环境的英国国家职业资格3、4、5级。评估中心可以是教育机构、公司或就是独立的评估中心。

如前所述,英国国家职业资格体系在英国得到了政府和行业的广泛承认,因此它被看作是加入其他专业组织的"通行证"之一。英国皇家特许建造学会的教育构架就说明了这一点,约有15种3级以上的NVQ被CIOB认可。

启示:从学会的行政管理看,政府与学会并没有直接的关系。政府通过制定相应法规来约束社会机构的行为,以维护社会公共利益。但学会始终是政府依靠的主要力量。正是这些学会、协会对企业、个人资格标准,行为准则的建立和执行,使政府从这些烦琐的事务中真正地解脱出来。NVQ的建立,反映了政府为提高建筑业从业人员的水平而作的努力,牵头组织制定其标准,同时利用学会力量去进行标准的编制和推广,并广泛被企业、学会等使用。

英国国家职业资格与专业学会会员资格标准的显著不同是,国家职业资格标准针对不同的工作岗位,而某学会会员资格则涉及到若干相关业务岗位。学会利用这些标准作为入会条件之一,但还有其他多种途径,并不是惟一的,也不是强制的。

(本文为2005建造师国际论坛发表文章,作者单位:重庆大学、重庆沙坪坝区人民政府)

研究与探讨

关于建立我国建造师协会的思考

◆张仕廉 刘 伟

2002年12月人事部、建设部发布的《建造师执业资格制度暂行规定》明确指出,国家对建设工程项目总承包和施工管理关键岗位的专业技术人员实行执业资格制度,纳入全国专业技术人员执业资格制度统一规划。随后又进一步明确注册建造师执业资格制度,将逐步替代原有的施工项目经理行政审批制度。现阶段实行注册建造师与项目经理资质证书双轨制,至2008年2月过渡期满后,项目经理资质证书将停止使用。随着建造师执业资格制度的建立和逐步完善,如何有效管理建造师是目前十分突出的问题,也关系到建造师制度的未来发展。

一、建造师协会的定位

(一)建造师协会的法律定位

市场经济是法治经济。由于行业协会作为市场经济的重要主体之一,国家理应从法律层面对其社会地位、性质、功能、管理体制、运行机制、活动内容与方式等进行界定。目前,在有关行业协会的法律法规中,《民法通则》仅作了原则性的规定,《社会团体登记管理条例》也只规定了有关社团组织的登记程序,《关于加快培育和发展工商领域协会的若干意见(试行)》虽然对行业协会的地位职能及组织建设等作了一些初步规定,但由于它属于部门性规章,没有权威性,缺乏对行业协会的准确定位和全国统一的立法。[1]因此,在建造师协会成立后,明确建造师协会的法律定位就显得重要而紧迫,这将影响建造师制度的发展。

法律定位就是在法律法规层面对组织的性质、社会主体地位、宏观经济管理的功能、内部组织结构、议事方式、制订和实施行规行约、参与制订和监督执行产业经济技术政策等功能实现方式、经费来源、组织机制等进行具体规定[2]。目前,从动力源作为分析的一个视角,我国行业协会的出现可以分为三种基本路径:一是企业自主推动的行业协会;二是政府主导推动的行业协会;三是政府与企业合力推动的行业协会。我国的建造师协会,我们认为应该属于以政府为主导的行业协会,其法律定位应该是自主性。所谓的自主性包括组织自治、经济独立、活动自由等三个方面[3],具体如下:

1. **组织自治**。即是政府组织和国家体制外的社会组织,不是附庸或挂靠于政府,或被其他组织所包含,可独立选举其组织机构和领导人,独立依法制定其活动规则和章程。但目前的我国建筑行业,专业技术人员队伍整体素质不高,教育评估制度建立时间不长,职业秩序不够规范。因此,现阶段适宜建立以政府为主导的建造师协会是十分必要的,有利于建造师执业资格制度的推广,有利于规范建筑行业的职业秩序。随着市场运作规范,专业技术人员素质的提高,相关专业教育评估工作普及和完善,专业人员队伍素质明显提高,以及协会制度的逐步完善,具备独立运作能力,建造师协会逐渐从政府部门中独立出来。[4]

2. **经济独立**。协会开展活动,必须有相应的财产或经费。其经费来源具有多样性,可以是赞助捐赠,会员交纳会费,协会对外服务获取收入等。其经费来源与协会的职能直接关联,协会职能发挥越佳,经费来源亦越广泛;反之,协会不能很好地发挥职能作用,经费也就成了无源之水。另外,由于建造师协会不同于企业自发形成的协会,其有很大的一部分职能是服务于政府的。因此,我们认为,原则上可以接受国家和政府的财政资助,视其为建造师协会为政府提供相关的服务而应得的服务费。这样,一方面有利于确定建造师协会的独立法人地位,使其真正做到自治;另一方面,避免建造师协会成为政府部门的附属机构,可以缩减冗肿的政府机构,符合我国政府机构制度改革的趋势。

3. **活动自由**。活动自由是组织自治的必然表现,即协会的活动无论是内部抑或外部,公益的抑或营利的,只要不违反法律法规和社会公共秩序,都不应受到政府或第三方的干涉。包括会员的吸纳,章程或议事规则的制定或修改,会员关系的协调,领导人的选举,纠纷的解决,违规者的惩罚,对外交往,参与政府政策制定和立法的讨论,国际合作,参与其他社会公益活动等。[3]建造师协会要确保其活动自由,其中关键的一个问题是如何处理政府和建造师协会的相互关系。

(二)建造师协会的行业定位

一般来说,目前行业管理的方式可以归结为以下三种方式:一是行业管理职责交给行业协会行使,政府对行业进行监督和指导;二是政府与行业协会分工监管;三是政府为主导进行监管。

建造师行业牵涉到社会公共利益的维护,因此,建造师行业的管理事实上是一种公共行政的管理。行业协会既是政府、企业和市场的桥梁纽带,又是社会多元化利益的协调机构,也是实现行业自律、规范行业行为、开展行业服务、维护行业合法权益、保障行业公平竞争的社会组织,它的上述功能都属于社会公共行政管理的重要内容。依据行政学基本原理,社会公共行政权威来源于社会,尽管这种权威在市场经济条件下,一般须由国家法律法规认可,但其本质却是社会性的,其权利主体应以社会公共组织为主导。[5]我国的建造师行业管理应采用"行业协会行使行业管理职责,政府对行业进行监督和指导"的方式。

由此,我们认为建造师协会的行业定位应是建造师行业的监管者,是依法实施建造师行业管理,实现行业自律,规范行业行为,维护行业合法权益,保障行业公平竞争,协调行业内、外部关系的行业管理组织;同时也是服务协会会员,监督会员执业质量、职业道德,维护社会公众利益和会员合法权益,开展行业服务,促进行业健康发展等的社会服务组织;在行使行业管理职责时,建造师协会既要依法行使行业管理职能,又要接受政府的监督。

(三)建造师协会与政府、会员的关系定位

1. 政府与建造师协会的关系

建造师协会是行使行业管理职能的社会组织。因此,政府和建造师协会之间主要有以下两种关系:一是监督与被监督的关系,一是委托和服务的关系。

(1)监督与被监督的关系。政府部门管理通过管理和监督建造师协会履行管理职能的行为,实现对建造师行业的监管。政府部门监管方式及内容包括如下:一是监督、指导行业协会开展工作,直接参与决定行业重大决策;二是审查或批准行业协会上报备案的章程及拟订的行业管理规定、执业准则、规则等,撤销或责成行业协会纠正损害国家利益或社会公众利益或不正当行业保护的有关规定;三是监督检查协会履行管理职责情况,受理并复议有关当事人对设立机构和注册建造师注册的申请不予批准,或者对给予的处罚等具体管理行为不服的申诉,撤销或责成行业协会纠正不当决定;四是责成行业协会依法查处注册建造师的违法、违规行为或虚假报告,间接监督注册建造师的执业质量。[6]

(2)委托与服务的关系。在市场经济条件下,行业协会和政府是两个独立主体。建造师协会作为行业管理组织,其在行业发展、行业信息等方面都比政府拥有更多的专业信息和优势。政府在制定建造师行业的行业发展政策、技术标准等方面,需要协会参与并提供信息。也就是,政府向建造师协会提出委托,建造师协会提供相关服务并收取服务费。这就形成了政府和协会间的委托与服务关系。

2. 建造师协会与会员的关系

(1)管理与被管理的关系。建造师协会作为建造师行业的监管者,对会员的管理是其必不可少的一个职能,其内容主要有以下两个方面。第一,会员执业资格管理。对于各类会员资格的管理都是由协会统一负责。管理工作包括会员的培养、考核、注册、培训、继续教育等方面。第二,会员信用管理。通过建立健全会员信用档案管理制度,对会员的基本情况、业绩(包括违法违规的不良记录)、质量安全事故等进行管理,并在信息网络上予以公布,接受社会监督,实现对会员信用的管理和监督。这将有助于整个建筑业职业素质的提高,同时减轻了政府在监督管理执业规范方面的负担。

(2)服务会员。协会由会员自愿加入并缴纳会费,协会应该为会员提供实实在在的服务。比如为会员提供培训、继续教育的机会,开展类型丰富的会员活动,代表会员的利益与政府进行交流沟通等。

(3)会员监督。会员除了要接受协会的监督、管理,按规定交纳会费,完成规定的继续教育等外,还对协会具有监督的权利。会员既可以通过会员代表大会又可以直接行使会员的权利对建造师协会监督,比如制定、修改协会章程,审议、批准协会理事会的工作报告等。通过对协会的监督,使协会实现内部的自治,从而促使协会能够有效地实现自我完善,促进协会更好地发挥职能。

二、建造师协会的职能划分

根据前面对建造师协会进行定位,我们认为建造师协会作为建造师行业的监管者,应具有如下职能:

(一)参谋职能

参谋职能主要是针对建造师协会与政府部门之间的关系而言[7]。政府不直接参与建造师行业的管理,并不是说政府就不对建造师行业进行监管。成立建造师协会,就是要让协会协助政府部门对本行业进行调查研究,为政府部门制定行业发展规划、参与行业发展、改革及与行业利益相关的政策、决策和立法提出建议,参加政府举办的有关听证会等,以协助政府指导本行业健康发展。

(二)管理职能

建造师协会的一个重要职能就是行业管理,包括三个方面的内容。

1. 建立行业制度。从行业出发,建立利于行业发展的一些规划性的制度、章程、标准等,按制度要求约束协会会员的主体行为,负责行业管理的监督与检查,促进整个行业水平的提高。如：组织实施建造师资格考试，审批和管理协会会员，指导地方建造师协会办理建造师注册，拟订注册建造师执业准则、规则，监督、检查实施情况等。

2. 建立职业道德标准。 从行业整体利益出发，制定出相应的行业职业道德标准，规范协会内部各成员间的执业行为与执业手段，从而保障整个行业的总体利益。如：组织对注册建造师的任职资格、注册建造师的执业情况进行年度检查，建立会员信用管理制度等。

3. 规范行业秩序。 监督会员依法执业，对于违反协会章程和行规行约，达不到质量规范、服务标准，损害消费者合法权益，参与不正当竞争，致使行业集体形象受损的会员，协会可以采取警告、业内批评、通告批评，直至开除会员资格等惩戒措施。

（三）服务职能

服务是建造师协会的核心职能，其服务职能主要体现在以下方面：

1. 继续教育及执业培训。 由于建造师协会作为建造师执业资格的管理机构，如何帮助行业从业人员获得执业资格，提高整个行业的管理和技术水平与其密切相关。因此，我们认为培训是建造师协会的服务职能之一。建造师协会可以发挥其优势，可以有计划、有组织地进行培训；同时，其在培训中的针对性更强，特征摸得更准，效果也可能更好。此外，也可以通过协会与其他有培训能力的单位联合办学，既保证工作任务的完成，又利于提高培训质量。

2. 信息服务。 一方面，建造师协会站在行业的高度，通过大量的调查研究、收集、整理、分析拥有大量的经验与信息，为内部会员无偿提供咨询服务。另一方面，建造师协会管理建造师执业资格制度，并对建造师进行会员式管理，拥有大量的关于会员信用、执业水平等信息，可以向其他企业提供相关的信息咨询服务。

3. 技术咨询。 协会可以通过大量的调查研究，对建造师在行业中面临的专业问题进行研究，收集、加工、分析、总结执业经验，为行业内部成员和外部机构提供无偿或有偿的技术咨询服务。

（四）协调职能

建造师协会的协调工作内容主要包括：

1. 协调会员与政府之间的相互关系。 建造师协会是整个建造师行业的监管者，应该代表全体会员的利益，参与和影响国家一些规划性的制度、章程、标准的制定，以促使整个建造师行业的健康发展。

2. 协调会员之间的相互关系。 建造师协会通过其组织关系支持会员依法执业，共同遵守行业制度与行业职业道德。通过行业调解会员间的冲突和利益损害，维护会员合法权益。

3. 协调与其他组织的关系。 建造师协会作为一个独立的主体，其在行使职能和举行活动的过程中，不可避免地要协调与其他社会组织的相互关系。比如：同国内其他行业的协会联合举行活动，同国外协会开展互认，与其他企业之间的合作活动等。

（五）对外交流职能

建造师协会代表中国建造师行业开展国际交往活动，开展国内外经济技术交流和合作。通过开展多种交流活动，可以向国外同行学习和进行经验交流，有利于促进我国建造师行业的发展。同时，通过与国外协会开展资格互认，将有利于我国建筑行业走向国际市场。

三、建造师协会的组织架构

（一）组织机构设置

组织机构的设置以实现组织或项目的质量方针、质量目标，符合依据标准或法规的要求，体现统一、精干、合适、高效等为原则，并根据组织或项目任务的类别和要求，通过策划、执行、验证，规定职能部门、专业部门和各级人员的职责、权限、相互关系的责任接口、联络方法和渠道。

从国内外行业协会的经验来看，不论是哪一种类型的行业协会，其领导体制的基本形式只有两种，即会员（代表）大会制和理事会领导制。协会的日常工作则是在理事会的领导下，通过一定的组织机构和制度完成的。借鉴国内外一些行业协会的组织设计经验，我们建议建造师协会的组织设置如图1所示。根据组织设计原则，每个机构都有各自的职能和权力。

1. 对外关系办公室。 对外关系办公室的主要职责是：(1)组织会员开展包括参加国际建造师组织会议、涉及建造师业务的国际研讨会等对外交流活动；(2)与国外建造师协会展开交流合作工作，负责与外国建造师业务交流项目的具体实施以及建造师的涉外宣传工作；(3)负责与国内外其他协会的交流和合作活动，负责与政府、企业开展一些合作活动。

2. 纪律办公室。 纪律办公室主要负

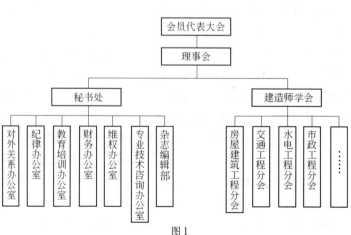

图1

责对行业具有重大影响的违规违纪行为的惩戒，其他违规违纪行为由地方建造师协会负责惩戒，并对下一级协会的惩戒决定进行批复和审核。

3．教育培训办公室。教育培训办公室的职责如下：(1)分析研究建造师行业的执业状况和能力需求，制订并审议建造师行业培训规划；(2)推动、改进、指导建造师资格教育；(3)审议注册建造师继续教育制度和教育情况；(4)审议建造师教育培训教材。

4．财务办公室。财务办公室的主要职责如下：(1)研究行业会费政策；(2)制订协会年度预算，并制定财务使用计划；(3)审查协会年度财务报告；(4)指导、规范行业财务工作等事宜。

5．维权办公室。维权办公室的主要职责如下：(1)研究维护会员依法执业的具体措施和办法，研究和探讨维护会员合法权益的途径和办法，提出维权工作的政策性建议或研究报告；(2)直接办理建造师行业内有重大影响的维权事项，针对在维权工作中发现的问题，向有关部门提出规范会员依法执业并切实保护其合法权益的意见；(3)负责就承办的维权事项，推动、配合、协调有关部门工作，指导地方协会的维权工作。

6．专业技术咨询办公室。专业技术咨询办公室主要研究注册建造师在执业过程中遇到的专业问题，向注册建造师提供专业技术支持，与有关政府部门就有关专业问题进行沟通，并提出建议。

7．杂志编辑部。杂志编辑部的主要职责如下：(1)编辑出版建造师相关刊物，建立网站，负责协会刊物的审核和出版工作；(2)负责协会和行业的宣传工作，通过各种传媒渠道，扩大协会乃至行业的影响力和知名度。

8．建造师学会。建造师学会的主要职责是建立一个学术交流平台，研究注册建造师在执业过程中遇到的专业问题，促进信息交流和行业技术发展。由于我国的建造师实行分专业管理，为了利于行业技术发展和信息交流，可根据其专业成立分会，比如房屋建筑工程分会，交通工程分会，市政公用与城市轨道工程分会，水电工程分会等。

9．会员代表大会。会员代表大会的职责是：(1)制定、修改协会章程，讨论决定协会工作方针；(2)审议、批准协会理事会的工作报告，审议理事会提请全国会员代表大会审议的其他事项；(3)制定、修改会费管理办法和财务管理办法。

10．理事会。理事会的主要职能是：(1)召开全国会员代表大会；(2)选举协会常务理事会成员，选举协会领导成员，聘任协会常设执行机构成员，审议协会常设执行机构职能部门的设置；(3)审议、批准协会常设执行机构的年度工作报告，审议、批准协会的年度会费收支报告；(4)其他应由理事会办理的事项。

11．秘书处。秘书处负责具体落实会员代表大会、理事会、常务理事会的各项决议、决定，承担协会的日常工作。

(二)组织制度

为了确保协会的有效运行，需要建立和完善相关的组织制度。协会要依据其"章程"制定会议制度、表彰奖励制度、会员管理制度、职能机构工作制度、建造师学会工作制度、财务管理制度等。这将有利于完善加强协会组织的建设，确保协会的正常运行。我们就对其中较为重要的会员及管理人员管理制度和财务管理制度进行论述。

1．会员及管理人员管理制度

建造师协会的组成成员包括普通会员和秘书处工作人员两类。对于这两类人员的管理有所不同：

（1）普通会员：取得建造师执业资格，并按规定程序加入建造师协会的人员。协会对普通会员的管理实行会籍管理制度，会员享有相应的权利、义务和服务。建议协会实行会籍管理制度的同时，实行会员个人执业信用制度，对每个会员建立个人信用档案。将会员执业过程中所得的荣誉、所参与的工程、所出现的一些重大错误等记录在案，以规范行业行为和提高行业职业水平。

（2）管理人员：就是从事建造师协会的日常管理和建设工作的人员。会员代表大会作为协会的最高权力机构，其管理机构应由会员民主选举设立，其对协会的管理人员具有最终决定权。理事会作为会员代表大会的代表机构，行使会员代表大会所赋予的人事任免权，并对会员代表大会负责。协会的专门机构和专业机构的工作人员可以采用内聘和外聘，全职和兼职的方式。一方面，这样可以发挥协会自身的专业优势；另一方面，通过外聘可以发挥其他专业人员和本专业人员的互补优势。

2．财务管理制度

协会的财务管理主要包括经费的来源、使用及监督。建造师协会的经费来源主要有以下几个方面：

（1）政府拨款。由于建造师协会承办政府部门对建造师执业资格的部分管理职能转移和任务委托，因而应获得政府的相关资金支持。

（2）捐赠或赞助。通过对外开展多种活动或开展国际合作研究，取得经费的支持。

（3）会费收入。会费收入是建造师协会的一个主要收入来源，为了确保会费收入的稳定性，协会应该制订统一的经费收费标准予以规范。

（4）依法开展活动或提供服务的收入。建造师协会具有中介机构的某些属性，其可以通过对外提供咨询、培训等服务活动，获得服务收入。

经费的使用由财务办公室进行直接管理，理事会和会员代表大会行使监督权。财务办公室根据各职能部门报送的部门财务预算，进行协会经费预算，制定年度经费收支预算和使用计划，报经理事会审批，同意后实施财务使用计划。理事会每年对经费的收支情况进行决算和审议，同时经费收支情况应委托独立的注册会计师事务所进行审计，相关结果应向会员代表大会报告，并向全体会员公告。

经费的使用主要用于协会的日常运转和协会的建设，包括：(1)召开工作会议以及有关专项工作会议，各职能部门和建造师学会开展活动；(2)拟订注册建造师执业准则、规则，监督、检查实施情况，组织对注册建造师的任职资格及执业情况进行年度检查；(3)资助地方建造师协会发展，支持会员依法执业，维护会员合法权益等；(4)协调行业内、外部关系，代表中国建造师行业开展国际交流活动；(5)资助对建造师在执业过程中遇到的专业问题的研究，资助对建造师行业需求、执业标准、行业政策等方面的研究；(6)其他必要的支出。

综上所述，本文就我国建造师协会的定位（法律定位、行业定位、与政府及会员的关系）、职能划分、组织架构等问题进行了分析和思考。文中观点难免有偏颇，一些问题的探讨也不够深入，比如协会的组织制度等问题，在以后的研究中值得进一步探讨和研究。

参考文献

[1] 尚红利．我国行业协会存在的问题与立法．信阳农业高等专科学校学报．2004年12月，第4期

[2] 张平，刘梅．发展中国行业协会政策探析．株洲工学院学报．2005年3月 第19期

[3] 李振凤，窦竹君．中国行业协会的法律定位与职能构建．天津大学学报(社会科学版)．2004年10月，第6卷，第4期

[4] 陶建明．国外建造师执业资格制度的比较及启示．考察报告．2002年

[5] 郭啸尘．谈谈注册建造师行业管理模式的立法设计．中国注册会计师．2004年2月号

[6] 何元福．关于注册会计师行业管理体制及管理方式的思考．中国注册会计师．2004年3月号

[7] 张国康，程晓苏．现代行业协会的特征与职能初探．经济师．2003年第8期

[8] 2002年建设部赴英国、西班牙、法国关于建造师执业资格制度的考察报告．建设部赴英国、西班牙、法国建造师．执业资格制度考察团 建筑经济，2003年第4期，总第246期

[9] 中国注册会计师协会章程(2004年11月2日中国注册会计师协会第四次全国会员代表大会通过)，中国注册会计师协会．中国注册会计师．2004年12月号

（作者单位：重庆大学建设管理与房地产学院）

摄影：欧阳东

国内建筑市场前景展望

（一）建筑市场总量预测

预计整个"十一五"期间，我国国民经济将继续保持稳定增长，增速将基本保持在合理区间，但比之"十五"期间，增幅会略有下降。到2010年，建筑业总产值（营业额）预计将超过90000亿元，年均增长7%以上，建筑业增加值将达到15000亿元以上，年均增长8%以上，占国内生产总值的7%左右。2010年我国建筑业企业组织结构将基本形成以总承包企业为核心，以专业承包公司和施工公司为主要施工组织者，以大量劳务分包企业为基础的塔型结构。建筑业从业人员占全社会从业人员的比例将在7%以下，企业利润增长将逐步转到依靠科学技术进步的轨道上来，国有独资企业数量将逐渐减少，建筑市场主体资本属性多元化的结构将基本形成。

（二）主要建筑产品市场展望

在建筑业的产品结构中，近几年的热点品种是住宅、大型能源项目、调度工程以及城市基础设施。随着国民经济的持续稳定增长，上述热点还将持续升温。但受经济增长动力方式的转移和消费支出开始快速增长的影响，环境保护和某些基础设施领域如水处理、垃圾处理、道路（包括铁路、高速公路）、港口、机场和发电厂等，将成为投资支出的重点领域。

1. 住宅

住宅建设具有长期性和可持续性。住房既是人民生活必不可少的基本消费品，又是可以保值增值的投资品。因此，虽然国家对于房地产市场的宏观调控住宅建筑市场会产生不小的影响，但我国经济社会的发展对住宅产品的绝对需求量仍然具有很大增加潜力。有关研究成果显示，到2020年城镇人均居住面积将达到35m²。因此，住宅建筑市场还会保持持续稳定的繁荣。

2. 铁路

（1）铁路大规模建设规划

根据《中长期铁路网规划》，我国铁路新一轮大规模建设即将展开。《中长期铁路网规划》确定了扩大规模、完善结构、提高质量、快速扩充运输能力、迅速提高装备水平的铁路网发展目标。到2020年，全国铁路营运里程将达到10万km，主要繁忙干线实现客货分线，复线率和电气化率均达到50%，运输能力基本满足国民经济和社会发展需要，主要技术装备达到或接近国际先进水平。

根据《中长期铁路网规划》，我国铁路网的布局为"八纵"与"八横"。"八纵"是指：京哈、东部沿海铁路、京沪、京九、京广、大（同）湛（江）、包柳、兰昆；"八横"是指：京兰、煤运北通道、煤运南通道、陆桥铁路（陇海和兰新）、宁（南京）西（安）、沿江铁路、沪昆、西南出海通道。

根据规划，铁路部门在完善和扩大路网规模的同时，重点建设客运专线，建立省会城市及大中城市间的快速客运通道，以及环渤海地区、长江三角洲地区、珠江三角洲地区3个城际快速客运系统，建设客运专线1.2万km以上。

西部铁路建设是规划的重点，规划建设新线约1.6万km。形成西北、西南进出境国际铁路通道，西北至华北新通道，西北至西南新通道，新疆至青海、西藏的便捷通道。

2005年是铁路建设大规模展开的一年，我国2005年铁路基本建设投资规模将超过1000亿元，比2004年的516.32亿元增加近一倍，计划新线铺轨714km，投产805km；复线铺轨523km，投产396km；建成电气化铁路875km。从中期来看，铁路建设的投资热点将主要集中在快速客运网建设、大能力货运通道、西部铁路建设和加强点线能力配套等四个方面。同时，投资主体也将实现多元化发展，民间资本与外资将有更多参与铁路建设的投资机会。

（2）沿海铁路

沿海铁路是中国铁路网规划中的"八纵八横"中的"一纵"。规划中的沿海铁路北起辽宁大连，南至广西北海。这条"十五"计划中规划的大通道跨越了辽宁、山东、江苏、浙江、上海、福建、广东、广西等8个省市自治区，总投资估计超过500亿元人民币。

（3）泛亚铁路

由中国昆明至新加坡的泛亚铁路，中线、西线和东线三大筑路方案已由中国铁道部第二勘察设计院绘成。中线方案为，自昆（明）玉（溪）南站接轨，经思茅、景洪、尚勇，从磨憨口岸出境进入老挝，形成从昆明到新加坡的国际铁路通道运营总里程4200km，其中新建铁路1300km。西线方案为，从广通至大理铁路大理站接轨，经保山至瑞丽出境，长度为478km，桥隧比约52%，形成昆明至新加坡的国际铁路通道运营总里程4900km，其中新建路线970km。东线方案为，昆明向南至河口口岸与越南铁路相接，有改造既有米轨铁路和新建准轨两个方案，形成昆明至新加坡国际铁路通道，运营总里程5500km，其中境外新建线430km。该方案的主要优点是可充分利用既有铁路设备，新建里程最短，易于实施。整个泛亚铁路计划10年内完成，总投资估计超过20亿美元，中国计划投资128亿元人民币。

（4）中国将建设十大铁路煤运通道

以大同(含内蒙古西部)、神府、太原(含晋南)、晋东南、陕西、河南、兖州、两淮、贵州(含云南、四川部分地区)、黑龙江东部等十大煤炭基地为中心，通过建设客运专线和既有线扩能改造，形成十大煤运通道，满足煤炭外运的需要。该运煤通道的建设也是实施国家能源战略的需要。

3．公路

2004年12月17日，国务院批准通过了《国家高速公路网规划》。该规划采用放射线与纵横网格相结合的布局方案，形成由中心城市向外放射以及横连东西、纵贯南北的大通道，由7条首都放射线、9条南北纵向线和18条东西横向线组成，简称为"7918"网，总规模约8.5万km。其中：主线6.8万km，地区环线、联络线等其他路线约1.7万km。

根据《国家高速公路网规划》，国家高速公路网近期建设目标是：

——到"十五"末，国家高速公路网建成3.5万km，占总里程的40%以上。

——到2007年底，建成4.2万km，占总里程的近一半；全面建成"五纵七横"国道主干线系统。

——到2010年，建成5~5.5万km，占总里程的60%左右。其中，东部地区约1.8~2.0万km，中部地区约1.6~1.7万km，西部地区约1.6~1.8万km。到2010年，从国家高速公路网实现的效果上看，可以基本贯通"7918"当中的"五射两纵七横"14条路：

五射是：北京—上海、北京—福州、北京—港澳、北京—昆明、北京—哈尔滨。

两纵是：沈阳—海口、包头—茂名。

七横是：青岛—银川、南京—洛阳、上海—西安、上海—重庆、上海—昆明、福州—银川、广州—昆明。

到2010年，国家高速公路网总体上将实现"东网、中联、西通"的目标。东部地区基本形成高速公路网，长江三角洲、珠江三角洲、环渤海地区形成比较完善的城际高速公路网络；中部地区实现承东启西、连南接北，东北与华北、东北地区内部的连接更加便捷；西部地区实现内引外联、通江达海，建成西部开发八条省际公路通道。

4．港口建设

2004年，港口建设投资突破200亿元，同比增长48.8%，内河航运建设投资将达到50亿元，同比增长24.8%。根据国家规划，2010年前，长江三角洲、珠江三角洲、渤海湾三区域沿海港口的建设重点将围绕集装箱、进口原油、进口铁矿石和煤炭运输系统进行。根据三个区域不同的特点，针对不同的问题，侧重点不同：长江三角洲区域的港口将重点建设集装箱、进口铁矿石、进口原油中转运输系统和煤炭卸船运输系统；珠江三角洲区域的港口将重点建设集装箱、进口原油(含成品油、LNG、LPG)中转运输系统和煤炭卸船运输系统；渤海湾区域的港口将重点建设集装箱、进口铁矿石、进口原油和煤炭装船中转运输系统。因此，三区域港口的建设重点和建设规划分别是：

——长江三角洲区域港口的建设重点：2010年前需新增港口吞吐能力7亿t以上，其中：集装箱码头能力3000万标准箱，进口铁矿石接卸能力9000万t，进口原油接卸能力2500万t。2010年前将建设：以上海、宁波港为重点，由苏州港等长江下游沿江地区的港口共同组成的上海国际航运中心集装箱运输系统；以宁波、舟山港为主，相应发展上海、苏州、南通、镇江等港口的进口铁矿石中转运输系统；以宁波、舟山港为主，相应发展南京等港口的进口原油中转运输系统；由该地区公用码头和能源等企业自用码头共同组成的煤炭卸船运输系统；以及长江口深水航道治理工程。

——珠江三角洲区域港口的建设重点：2010年前需新增吞吐能力4亿t，其中：集装箱码头能力3100万标准箱，进口原油接卸能力2400万t。为此，将重点建设：以深圳、广州港为主的集装箱运输系统，充分发挥粤港两地港口资源的优势，相应建设珠海、东莞等港口的集装箱运输设施；以惠州等珠江口的进口原油、液化天然气接卸码头为主，相应建设珠江口内广州、东莞等港口的成品油、液化石油气等进口油气中转运输系统。

——渤海湾地区港口的建设重点：2010年前需新增港口吞吐能力7.4亿t，其中：集装箱码头能力2400万标准箱，大型进口铁矿石接卸能力9000万t，大型进口原油接卸能力3000万t，大型煤炭装船能力23300万t。

5．轨道交通

为解决城市交通和环境问题，我国大城市把发展城市轨道交通作为发展公共交通的基本方针。目前，全国城市轨道交通运营里程达到405km。随着城市化进程的加快，特大城市和大城市对轨道交通有着较大的需求，建设城市轨道交通的热情很高，正在建设的项目一共是五座城市10条线，共计255.79km。未来我国城市轨道交通呈现着四个特点：一是需求大，有近30个城市要求建设；二是工程投资综合造价呈下降趋势；三是国外跨国公司先进技术纷纷进入中国；四是国内逐步形成轨道交通工业的生产体系。目前，已有近30个城市开展了建设城市轨道交通的前期工作。北京、上海、广州等城市在进一步加快城市轨道交通建设，以较快形成城市轨道交通网络；深圳、南京、武汉、长春、大连等建成一条或正在建设城市轨道交通的城市,开始进行第二条城市轨道交通的前期工作,尽快形成城市轨道交通客运走廊;杭州、沈阳、成都、西安、哈尔滨、苏州、青岛、鞍山等城市正在开展城市轨道交通建设的前期工作;在经济发达地区,如珠江三角洲地区、长江三角洲地区正在酝酿建设区域内的轨道交通建设的前期工作,例如广州至佛山轨道交通已开始启动。预测未来十年我国至少要建设1200~1500km不同类型的城市轨道交通。

6. 环保工程

环保工程潜力巨大,环保工程主要包括:城市污水、垃圾处理设施建设,江河湖流域水污染整治,清洁能源替代传统能源,老工业污染源防治。我国污水处理市场容量达5000亿元人民币,目前我国还有160个城市的生活垃圾无害化处理率为零;大部分中小城市环境基础设施建设落后,另一方面,河道清淤、绿化工程、湿地保护等也纳入城市发展规划的范畴。众多省、市环境保护基础设施建设投资日益加大。广东"十五"期间全省环保投入总额为1500亿元;北京市连续5年环保投资达100亿元以上,未来五年环保投资将达1000亿元。

7. 能源建设项目

针对2004年以来全国上下出现的"电荒",国家对电力建设项目审批宏观调控加快,各地也纷纷上马一批核电、水电、火电、风力发电项目。例如:未来几年,东南沿海省份将上马一批核电站建设项目,预计其总容量将在1300万kW;到2020年,我国核电比重将占电力总装机容量的4%,达到3200万kW。与此同时,电网建设也会随着电站建设项目的增多而表现出水涨船高的态势。电力基础设施建设要先行,最近几年电力建设的总量将会逐步增大。

此篇文章摘自中国建筑工业出版社出版的《中国建筑业改革与发展研究报告(2005)》一书

建设部工程质量安全监督与行业发展司、建设部政策研究中心 编写

(上接26页)

个业务链的执行问题。

如果是欲购买或开发建立项目管理系统,实现集成性质的应用,则要考虑的问题陡增,建造师至少应该从如下方面把握系统的项目管理IT特性:

1)系统是否考虑了在一套项目结构体系下管理不同层次、不同类型的项目,以便企业多项目得以统一管理?

2)系统是否使用项目化手段管理与协调所有任务,以便项目的任何工作表现出项目的属性?

3)系统是否采用了过硬的、经过验证的网络计划技术。系统如果能进一步将网络计划技术与工作流程有机结合则更佳,以便使参与方的流转与项目工作计划嫁接起来,实现事务性流程与计划的互动,营造出"有源之协同"的效果?

4)系统是否设计了结构严谨的责任与目标管理体系,以及及时的反馈响应与动态监控机制,实现所谓的"可视化、可挖掘、可量化、可对比"的绩效管理?

5)系统是否基本涵盖了项目管理重要业务,至少"四控两管一协调"都有了?

6)系统是否考虑了项目化集中文档资料管理,实现"记录完整、文件齐全、标准完备、知识共享"?

(本文为2005建造师国际论坛发表文章,作者单位:上海普华科技发展有限公司)

建造师考试感想与技巧

◆ 佚 名

建造师考试已经结束很久了，应老友要求，写一篇考后感，希望能对同道中人有所帮助。

因为自己从事项目管理工作，是做总承包的，当初有关文件宣称建造师可以代表一切建筑领域的工作注册，因此满怀兴趣报名考试。拿到考试大纲自认为就是过去项目经理证的另外一个名称。在心理上的好奇心就小了，考前准备也没有特意安排，辅导班肯定没有上了，也没有时间和机会。

记得是八月份报名的，考一级建造师，买了教材，自学。后来考试时间推迟到2005年3月份。到了春节，终于有空看看书了。不看不知道，我认为我们的教材编写得还不错，有很多非常实用的东西，而且自己工作中也正好都有应用，看书学习的兴趣浓了。但我发现这几本书中专业课的难度和深度都较大，涉及的专业内容非常多。实际上没有几个大学的课程能够包揽这些专业。所以，我建议以后对专业课的深度降低些，普及知识就可以了，毕竟项目管理主要还是讲过程控制的，技术方面的事情更多由专业工程师解决。建造师应更多的体现管理角色。

从春节看到三月底，也就是看了两个月的书吧。基本把书看完了，然后又买了与教材配套的习题集，就是中国建筑工业出版社的那套，从三月初开始做题，一边做题，一边看书，又把教材过滤了一遍。习题每章节的内容是做完了的，模拟套题只作了两套，自己评分，大概有八十分，就这样参加考试了。这里，我建议大家的学习方法是，第一遍看书，把教材看完，至少把每一章看完，形成知识体系，然后再做练习题，查漏补缺，保证学习效果；在做完题后再看书，更加深刻理解教材内容。经济、法律和项目管理三本基础课实际应用真的很多，我们很多考生都是从事项目管理工作的，对这些课本的理解很容易。而且对学习的兴趣很大，经常一起讨论。但专业课大家都害怕，深度和广度都大。

关于辅导班，我觉得辅导班的作用主要是替你理清重点并控制进度，因此是否参加和教师的好坏不太重要，没时间没条件的话不上也行，重要的是一定要对时间有个规划，能够把书多看几遍。

考前的总复习并没有很大用处，至少上海的辅导班是如此，因为一般并没有什么新消息，该强调的重点以及新内容在大纲中已经强调过了，意义不大。

因为从一月到三月底一直在忙工作，看书也是晚上有空看看，自己对考试目标的期望值也并不太高（我的计划是考出二门，没想最后全过了），因此对于考前如何利用好宝贵的时间我就没什么心得了。不过事后想想，这种轻松的心态也有好处。

再来讨论一下考题问题。在这第一次全国统考，考题我认为难度适中偏难些。对于年轻人和有时间备考的人来说难度不大，但关键是对于真正从事建造师这个角色工作的人来说大多很忙，而且实践经验多。而考试题在这些方面明显欠缺，显得比较老套。另外，专业课的难度较大，主观题比例太高，这直接给评分带来难度，考试的公正性也不容易控制，建议缩小这个比例，与基础课题相同和略有变化为宜。我是四个小时的基础课考试完全做满了的，考到最后感觉就虚脱了（我才29岁啊身体很壮，其他年纪人可想而知了），所以我认为应该改改专业课考试时间。考试时间我认为没有必要超过三个小时。目前教育部的所有统考都没有超过这个时间的，我们的注册考试却越来越离谱了，个别考试居然要考8个小时。这种思路是有点不切实际的，把一本书每个章节都考完，考试的目的就发生问题了，是考书本而不是考查考生的学习、工作、经验和综合能力了。

啰啰嗦嗦说了这么多，如果能对谁有一点小小启发，就是我的最大快乐，当然，如果还有别的问题，我也将乐于回答。

以下摘自筑龙网，黑体字为作者网名：

Maswxl：有几条：

1. 书为本，资料为辅，切记。考前下载了许多的资料，其实没有一个能真正看完，反而耽误了一些时间。有些资料中本身就有错误，疑问处还得求证其对错，得不偿失。

2. 知其然，想办法知其所以然。特别是计算方面，重要公式的来龙去脉搞清后，做几个练习题足也。练习题是做不尽的，随他考试题怎么出，但万变不离其宗。

3. 案例要多花时间，很多意思都知道是那么一回事，但考试时就是答不全。写的时候就觉得没话写，干巴巴的。感觉重要的也得背下来。

4. 答题按规定，案例题中每题都规定了答题起始位置。不按规定肯定有无法预料的后果。

hbl78：首先，这是个关于项目管理的考试，理论与实践不能没有；所以，传统意义上的理论或是说有难度的题不能反映现场实际。只要能根据实际处理即可，不能太过于强调实际。

其次，本次的所有考试只要大家知道即可，而且在实务方面也比较接近现场实际情况，我们是考能力，不是考学习力；有很多人觉得简单，是因为大家平常的学习力好。也可以肯定的说这次考试有很多人本身不是项目经理。行业说得好，有证不一定能获得项目经理。项目经理是个岗位，而建造师是个执业资格。

第三，我们国家有自己的国情，有很多一线的项目经理为我们打下了很好的实际基础，但他们的理论水平不一定很强，所以本次考试又要考虑实际情况。

第四，有能力有实际理论才是好的项目经理。

最后，我要说，本次的题是简单，但绝对是一次很好的尝试。况且本次的考试大家觉得简单并不见得都能通过。不信，大家拭目以待。

她说对不起：我真的有很多话想说！

我大学是机电专业，从事房屋建筑这一行才短短2年，一直待在施工项目部里学习。2004年6月底我就买了书，就上网校学习。我不知深浅就准备参加考试，第一个目的就是借这次考试的机会多学习一点知识，虽然书本编得不是很好，但我花了不少时间看参考书。我知道自己不能和大家相比，所以只有尽量提前看书、多花时间看书，并且在现场多看多问多学！在看书学习过程中，结合施工现场的实践，我发现就在自己迎考的半年多时间里，真的掌握了不少业务知识，虽然对通过考试没有太大的把握，但我已经不太在乎这次考试的结果，不行下次再来，重要的是我学会了不少知识！

或许没有这次考试，我不会这么认真地去花时间看书、学习，我也就不会像现在这样对工作有这么大的自信！

我看了！我得了！我学了！我懂了！我考了！我谢了！

油新华：开始不想考了，一是由于工作实在太忙，二是由于自己是博士，万一考不好别人笑话。但是临近考试时，又不甘心，总得看看题型吧。于是考试前的一星期做了详细的安排，一天复习一门课，第五天做了做题，就上了考场。发现不是太难，以前见过的还有印象就做了，可能也对了；没复习到的，也可以蒙一个，总还有1/4的可能性，这样算起来，考得还可以吧。只是工程经济一门因为大多是计算题，没有办法靠印象做，可能考得不好。不过这次还是又增加了一些经验，下一次考一定能过。

manbuzhe0537：小技巧：信不信由你

客观题：要一道一道接着做，不要间隔。计算题太烦，怕把脑子搅乱，可以放下最后做。每做一题要慎之又慎！而且，做完后可以再看一遍，但尽量不要修改，因为，据研究，改错率高于改对率！所以要一挥而就！

没有把握的题，可采用排除法——去掉绝对错误的，来选择正确的；单选头在不会做的题，在B、C中选一个，对的概率略大一些；多选题只选绝对正确的，宁缺毋滥！

hhl73：我一条一条看完了。原来关心建造师考试的人很多嘛！上次我因为种种原因没有参加考试。看了这些发言，觉得可能考试题也不是很难，这真是一个振奋人心的好消息。去年，我一次性考过了造价师，只复习了一个星期，自己觉得不是靠实力，而是运气比较好。这次我要好好考一下建造师。看了几天书，觉得好像也不是你们说的这么简单，做的是2005版的补充题。相反，觉得建造师的知识面比造价师还要宽一点。我想，上次考试后，该简单的都过去了，这次的考试应该更有挑战性了。同时，我觉得最重要的是，学习到的这些新方法、新技巧，应该有意识地在工作中运用，改善管理，用出成果。这才是考试的真正目的所在。工作和学习互动，在考试中提升自己。当一个个"师"都过关后，自己的能力和实力才能提高，工作的业绩才能体现。这是我看了前面530楼的体会，以和同学共勉！

MQGMWX：是的，要注意答题的技巧和方法，现给大家提供一些参考。

一、填涂技巧

标准化考试考生最易出现的问题是填涂不规范，以致在机器阅卷中产生误差。克服这类问题的简单方法是要把铅笔削好。铅笔不能削尖削细，而应相对粗些，且应把铅笔尖削磨成马蹄状或者直接把铅笔削成方形，这样一个答案信息点最多只涂两笔就可以涂好，既快又标准。

在考试中要十分注意，不要漏涂、错涂试卷科目和考号。在接到答题卡后不应忙于答题，而应在监考老师的统一组织下将答题卡的表头按要求进行"两填两涂"，即用蓝色或黑色钢笔、圆珠笔填写姓名、填定准考证号；用2B铅笔涂黑考试科目、涂黑准考证号。

二、答题技巧

审涂分离移植法。这种方法是考生在接到试题后，不急于在答题卡上作答，而是先审题，并将自己认为正确的答案轻轻标记在试卷相应的题号上。审题后再仔细推敲自己选择的答案是否正确，经反复检查确认不再改动后，再依次移植到答题卡上来。

审涂结合并进法。这种方法是考生在接到试题后，边审题，边在答题卡相应位置上填涂，边审边涂，齐头并进。

审涂记号加重法。这种方法是考生在拿到试题后，一边审题，一边将选择

（下转51页）

磁浮上海示范线线路轨道系统设计和施工的关键技术

◆ 吴祥明

概况

高速磁浮技术在德国研制成功，引起了一部分中国科学家的重视，认为这是继汽车、轮船、火车、飞机和管道运输之后，填补火车和飞机之间速度空白的一种新型交通系统。2000年6月，在德国工业界的宣传推动下，中国政府为验证高速磁浮系统的可用性、安全性和经济性，决定在上海建设世界上首条商业示范运营线（以下简称"上海线"）。

上海线西起地铁2号线龙阳路车站，东至浦东机场。正线全长30km，双线折返全自动运行，设有2个车站，2个牵引变电站，1个运行控制中心和1个维修中心。初期配置3列共15节车，设计最高运行速度为430km/h，单向运行约8min，发车间隔为10min。根据德国工业界的建议和中国政府要求，线路轨道系统的设计、施工，全部由中方工程师负责。

上海线于2001年3月1日正式开工，2002年12月31日投入试运营。建筑和设备安装的工期仅22个月，对初次接触高速磁浮技术的中国工程师来说，既要完成自己承担的轨道梁设计、施工，又要统盘协调建设经验和管理理念完全不同的德国工程师，确实是一个极为严峻的挑战。

关键技术的开发研究

高速磁浮系统的轨道梁，既是列车的承重结构，又是驱动列车的直线电机定子的附着体，制造精度要求梁内长波误差≤1mm，错位≤±0.3～0.4mm，坡度突变≤0.75/1000，是一项以机电产品要求实施的土木工程。当时在德国取得型式认证的，仅有12m和31m两种跨度的钢梁和一种6m钢筋混凝土板梁。由于钢梁的制造和维护成本高，且无法获得加工所需的专用机床，只能放弃，并在未能认证的预应力直线复合梁基础上进行开发研究，完成了全部设计和施工制造。

1. 总体思路

根据磁浮系统对轨道系统的功能及相应技术要求，对技术难点进行分解，确定了研究开发的技术路线并逐一进行攻关，进而完成设计和施工制造，保障了上海线的顺利建设（图1）。

2. 以直代曲拟合

磁浮线路上、下、左、右共4个功能面形成磁浮交通系统的轨道，在线路转向地段，4个功能面都是扭曲面（图2）。

由于条件限制，我们只能凭借已有的5轴数控机床为基础进行再开发。在对系统技术要求深入研究后，提出以直拟曲，由轨道梁、功能件、定子铁芯分级逐段拟合线路空间曲线的三级拟合方案，即以轨道梁（24.768m）、轨道梁上功能件（3.096m）以及安装在功能件上的长定子（1.032m）为直线，构成三级折线拟合空间曲线。同时，开发线路定位方法和计算程序，保证曲线线型的轨道梁方案和模块化、标准化生产以及精确装配。通过拟合，实现了空间曲线中拟合误差与加工、安装误差的合理分配，从而解决了轨道结构的空间线型精度控制。

3. 轨道梁的结构变形控制

① 时效变形控制

轨道梁的竖向和横向变形（包括收

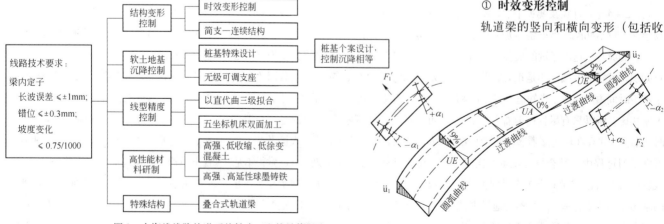

图1　上海线线路轨道系统技术开发的总体思路

图2　线路转向地段的轨道

缩、徐变引起的变形以及制造和施工引起的误差）要求控制在系统的长波公差带内，因此，必须严格控制混凝土的收缩徐变等时效变形。

对此，我们从改善混凝土收缩徐变性能、复合梁设计控制因素和预应力施工工艺三方面入手，开发采用了一种低收缩、低徐变的混凝土，尽量减小混凝土材料的徐变系数和收缩应变的终极值；运用三阶段施加预应力，研究采用合理的加载龄期，避免收缩、徐变后轨道梁的Y向、Z向变形。这一设计思想通过施加预应力来调整混凝土轨道梁的上、下翼内应力，从而控制梁的收缩、徐变。主要受力工况下的应力见表1。

为对施工过程中的变形情况和设计理论分析结果进行验证，对2榀直线轨道梁和4榀曲线梁进行了跟踪变形观测，发现轨道梁关键施工阶段的跨中截面弹性变形实测值与理论计算值吻合较好，变化趋势相同。

② 简支-连续轨道梁结构开发

双跨连续梁的跨中挠度仅为简支梁的1/3，对变形要求极严的磁浮轨道是很有诱惑的。但连续梁结构长50m、重350t，且始终处于三支点超静定状态，生产、运输、吊装均很困难；同时处于软土地基上的基础也难以承受侧向温差产生的水平推力，使下部结构的设计和施工非常困难。为此，我们将连续梁的中间节点设计成一种弹性结构，可先按单跨梁制造、运输和安装，再在中间用钢节点将其连成"静荷载下简支、动荷载和温度变形下连续"，"水平方向简支、垂直方向连续"的特殊准连续结构梁（图3）。不同工况的变形见表2。

4. 软土地基的沉降控制

磁浮系统不仅要求轨道梁结构能够精确地安装定位，而且要求包括下部结构沉降等所有因素引起的轨道梁移位或错位不超过轨道梁功能面的控制标准。像上海地区这样的软土地质条件，必须将轨道系统的上部结构和下部结构进行整体考虑。为消除轨道梁和下部结构的施工误差和可能的工后沉降差，设计了一种无级可调的专用支座(图4)，其调整幅值为Z向+20mm/-10mm，Y向±20mm，采用特殊材质的螺柱、平面摩擦副和转角摩擦副，抗压强度高，摩擦系数小，磨耗率低，且可长期免维护。通过调节支座，不仅可方便快捷地消除沉降引起的轨道移位和错位，同时也解决了轨道梁在施工安装时精确定位所需的调整问题。

5. 工厂制造的施工工艺

磁浮轨道完全是按机电行业的技术要求施工制造的，部分材料和半成品也是按照机械行业的标准制造完成的。如单个功能件长度（3096mm）范围内连接件联结面组装孔间距误差为±0.025mm；孔与安装面的垂直度误差为0.1；由于直线拟合，两侧功能件之间的形位公差在2205mm范围内的间距误差为±0.05mm；同一侧两个相邻功能件间的误差尺度要求，如夹角误差为±11′等等。我们研制了精密数

轨道梁主要受力工况下的应力 表1

工况状态描述	1/4跨截面应力(MPa)		1/2跨截面应力(MPa)		截面应力图
	上缘	下缘	上缘	下缘	
梁自重+先张预应力+第1次后张预应力+5天收缩徐变	-5.10	-5.82	-5.52	-5.80	5.10 / 5.82 ； 5.52 / 5.80
梁自重+功能件第2期恒载+先张预应力+第1次后张预应力+第2次后张预应力+60天收缩徐变	-5.63	-5.93	-5.91	-6.01	5.63 / 5.93 ； 5.91 / 6.01
运营30年	-5.43	-5.24	-5.79	-5.23	5.43 / 5.24 ； 5.79 / 5.23

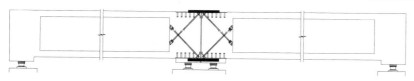

图3 简支-连续复合轨道梁

简支-连续轨道梁变形的数值分析验算 表2

分　项	简支梁	简支-连续梁	双跨连续梁
竖向车载变形(mm)	2.232	1.303	1.052
竖向温差变形(mm)	7.051（顶板升温22℃）	3.234	2.044
	3.205（顶板升温10℃）	1.470	0.929
横向车载变形(mm)	0.484	0.457	0.233
横向温差变形(mm)	2.518	2.329	0.783
自振频率(Hz)	5.966	6.049	5.807

图4 上海线开发的可调节轨道梁支座

控镗铣床精密加工生产线（图5），即用两台五坐标数控镗铣床，从两侧同时加工一根轨道梁的专用生产线，并解决了主动识别、定位和测量等相关的加工和测量技术。

此外，还开发了包括总体施工工艺、模板系统等轨道梁制造施工的整体技术，实现了工业化生产，同时对轨道梁的现场安装和精调技术、工程测量技术等研究提出了解决方案并付诸实施。

6. 新型材料开发

高速磁浮是一种新型交通技术，对现有的材料学科提出了新要求。

① 低收缩、低徐变混凝土

经多方案优选，除选用优质水泥、碎石、砂等传统技术外，采用了低水泥用量、掺加高钙粉煤灰和低钙粉煤灰，选用了自配的聚羧酸系高效减水剂等，并配以低温蒸养技术，研制成功高早强、低收缩、低徐变的高性能混凝土。其性能比较见表3。

② 高性能球墨铸铁

复合轨道梁的连接件设计采用了较高的技术指标：试件抗拉强度 $\sigma_b \geqslant 500MPa$ 时，延伸率 $\delta \geqslant 11\%$，$-20℃$ 低温冲击韧性指标 $AKV \geqslant 4.0J$。我们采用降低原材料的硫、磷含量等技术，实现了系统要求。

7. 新型轨道结构研究

德国试验线没有跨越河道，因此缺少这类结构设计的经验。上海线需跨越川杨河和浦东运河，最大净跨45m。为此，专门开发了一种钢混凝土板梁与钢结构承重梁叠合的结构形式（图6），为今后高速磁浮线路跨越中等河道问题找到了可行的解决方案。

应用效果

2002年年底试运行前，德方工程师用轨道检测车对全线的线路轨道进行了检测，确认上海线轨道的空间线型和平顺度允许偏差一次合格率达99.9%；对上海线线路进行的33次乘坐舒适性性能测试，包括150km/h、200km/h、250km/h、300km/h、410km/h和430km/h的匀速运行以及正常行车运行，证明达到了ISO舒适度标准的最高等级。经过两年多的实际运行，目前线路沉降已趋稳定，最近进行的全线复测证明，全线工后沉降都在原设计的控制范围以内，利用现存的可调支座稍加调整，即可恢复原设计确定的线型。

上海线线路轨道技术的研究开发，使我们在工程建设上取得了主动，有力地推动了上海线的建设。上述研究成果，已申请发明专利14项。

（作者系磁浮上海线工程建设指挥部总指挥）

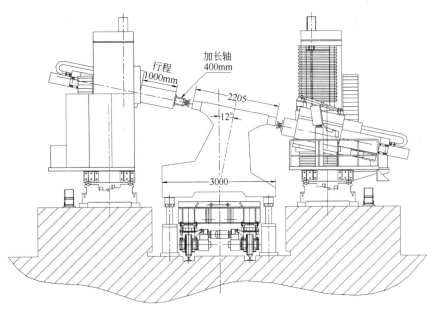

图5 数控机床加工生产线横截面图

上海线混凝土配比及性能比较				表3
	28天强度(MPa)	28天弹性模量(10^4MPa)	1年收缩值ε(10^{-6})	1年徐变系数ψ
常规混凝土	≥60	3.8~4.0	700~800	1.8~2.0
本项目混凝土	64~76	3.9~4.2	450~510	0.86~0.96

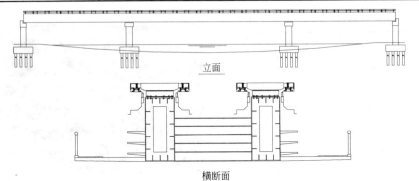

图6 高速磁浮跨越河道的结构

EPC工程总承包与建造师

◆唐江华　乌力吉图　王洪涛

人事部、建设部联合下发文件《关于印发〈建造师执业资格制度暂行规定〉的通知》（人发[2002]111号）总则前三条明确了建造师执业资格适用于从事建设工程项目总承包、施工管理的专业技术人员。

一、我国实行EPC工程总承包历程

我国推行国际通行的EPC总承包管理模式是在党的十一届三中全会提出"改革开放"方针以后开始的，随着大量引进国外成套设备，国外资金和国外承包商进入我国建设市场，带来了国际通行的项目管理方法和工程承包方式。

1982年6月，原化工部印发了《关于改革现行基本建设管理体制，试行以设计为主体的工程总承包制的意见》（[82]化基字第650号），原化工部所属大型设计院开始由单一设计功能改组为具有EPC总承包功能的工程公司。1987年4月，国家计委、财政部、中国人民建设银行、国家物资局印发了《关于设计单位进行工程建设总承包试点有关问题的通知》（计设[1987]619号），批准了广东建设承包公司（原广东省建筑设计院）、中国武汉化工工程公司等12家设计单位为总承包试点单位。1989年4月，建设部、国家计委、财政部、中国人民建设银行、物资部联合印发《关于扩大设计单位进行工程总承包试点及有关问题的补充通知》（[89]建设字第122号），批准了北京钢铁设计研究院等31家为工程建设总承包试点单位。1990年10月，建设部、国家计委等五部委联合颁发《关于进一步做好推广鲁布革工程管理经验，创建工程总承包企业，进行综合改革试点工作的通知》（[90]建施字第511号），将工程总承包试点企业扩大到50家。1992年11月，建设部颁发了《设计单位进行工程总承包资格管理有关规定》（建设[1992]805号）。1997年11月，我国颁布了《中华人民共和国建筑法》，提倡对建筑工程进行总承包，确立了工程总承包的法律地位。2003年2月，建设部下发《关于培育发展工程总承包和工程项目管理企业的指导意见》（建市[2003]30号）。

除了国务院及有关部委制定颁发的上述指导性文件、规定和办法，对推进我国工程总承包的发展起了重要的作用外，随着市场经济的发展，作为建设投资方的业主呈现出多元化趋势，个人、集体和外商投资的项目日益增多，规模也日益扩大，出于降低成本的目的，往往以工程总承包的形式招标，对推动工程总承包的发展也起了关键作用。

二、EPC工程总承包的概念与特点

EPC工程总承包是指受业主委托，按照合同约定，对工程项目的设计（E，Engineering）、采购（P，Procurement）、施工（C，Construction）、试运行全过程实行承包。承包方必须对承包工程的质量、安全、工期和造价全面负责。如果将EPC工程总承包业务和责任延伸，承包商最终向业主提交一个满足生产及使用功能，或具备使用条件的工程项目，故也称其为交钥匙工程总承包。

在建设市场的发展过程中，经历过业主自行管理项目，项目管理公司管理和工程总承包三种模式，目前仍主要采用这三种模式。

在业主自行管理项目中，设计、采购、施工由业主分别委托，我国在20世纪80、90年代这类管理模式十分普遍，国内许多企业有自己直属的设计、施工队伍，可以自己承担项目的规划、设计、施工和项目管理，虽然有利于工期控制、质量控制，但自我监督往往形成管理上的真空，无法形成闭路控制，投资控制难度大，投资效益低下。

项目管理公司管理在国外比较多见，如国外的工程咨询公司，本身没有设计、施工队伍和设备制造手段，主要从事项目建设的组织管理工作，通过提供管理服务来获得酬金。国内近年组建的规范的监理公司也属此类。虽然管理公司组建成本小，管理费用低，但没有设计资质，项目管理的制约因素较大。

EPC工程总承包模式的突出特点是：由于只有一个主合同，合同管理范围整齐、单一，协调工作最小，有利于进度目标和投资的控制。从长远发展的角度看，EPC工程总承包最具有生命力，其优越性表现在：1.将设计贯穿于工程全过程，便于全过程总承包。2.设计在项目建设中处于主导地位，起着"灵魂"作用，从设计入手进行进度、投资、质量三大控制和合同管理最为有效。3.以设计为主体的工程公司具有较大的技术优势，人才最集中，技术力量最强。

三、建造师与EPC工程总承包的关系

1. EPC工程总承包对建造师的要求

实例1：某石油化工工程对某化纤工程中的芳烃抽提装置(AE装置)和对二甲苯装置(PX装置)实施设计、采购、施工总承包(即EPC总承包)。从施工图设计开始，施工图设计、采购、施工几乎同时开始。该工程公司与业主签订的是以初步设计概算为基础、压点让利、固定总价合同；与施工分包商签订的是以施工图预算为基础、协定费率、压点让利合同。

工程公司利用WBS（工作分解结构）实现细化控制；利用赢得值评估原理实现量化控制；利用计划、实施、检测、分析、预测、调整循环实现对过程的动态化控制和在项目实施过程中，采用三月滚动计划和三周施工计划控制工程进展。正是充分利用了先进的项目管理方法，该EPC总承包项目的控制目标才得以实现。

分析：以上实例归属典型的石油化工工程专业建设项目。该EPC总承包项目所涉及的专业技术如工艺管道安装、塔体安装等和项目管理方法如WBS、赢得值评估原理、三月（三周）滚动计划、工程费用概（预）算等知识均在全国一级建造师《建设工程项目管理》、《建设工程经济》和《专业工程管理与实务》（石油化工工程专业）三科目中充分体现。

建立WBS体系，据此对工程进行进度和费用控制。例如：对于构筑物的施工和设备安装，细化到每座构筑物和每台设备。这样，进度和费用控制可以细化到每座构筑物和每台设备，实现细化控制。

通过控制每个WBS单元的工程量差和差价及进度差来实现对项目整体的费用控制和进度控制。例如：用完成工作量的赢得值与支付给施工单位的合同值（实耗值）便是项目的费用盈亏；完成工作量赢得值与计划工作量的概算值（计划值）的差值便是项目的进度差异。

在项目实施过程中，工程公司根据年度计划编制三月滚动计划，以月计划为基础，施工分包商编制三周施工计划，并提交材料需求计划和图纸需求计划。采购部门据此编制设备到货计划，材料采购计划和料单需求计划。设计部门则据此编制提交图纸计划和提交料单计划，由此既形成了设计、采购、施工计划的协调、统一，又便于准确地编制工程费用滚动计划和设备、材料采购储备金滚动计划及其统计台账。

实例2：某石化工程公司对聚丙烯项目总承包实施中的费用控制主要从数量、单价、质量标准这三个影响投资的主要因素入手，设计负责数量和质量标准；采购负责数量和单价；施工负责数量和质量标准的实施控制。对项目建议书初步估算、可研批准估算、初步设计概算、施工图预算、竣工结算，进行深入细化、层层分解、落实到人、分层控制、全员参加，形成一种良好的费用控制机制，形成10步控制，即：项目建议书初步估算、可研批准估算、方案设计限额估算、基础设计或初步设计控制概算、实施阶段采购控制数额。10步控制的每一步包括确定限额作为控制目标；根据控制目标对费用发生进行跟踪、监督、对比、分析；预测费用发展趋势并及时提出相应的报告；采取有效的纠偏措施，对已制定的费用数额进行变更、调整、修订原先的控制估算；编制新的控制估算，作为新的控制基准，开始新基准的费用控制循环。

分析：根据控制目标对费用发生采取的一系列措施需要用到工程经济分析方法，如：一级建造师考试科目《建设工程经济》中工程成本核算的内容和期间费用核算知识、工程项目概（预）算控制、价款支付控制、竣工决算控制、建筑安装工程费用的计算等知识，将实际发生费用与内部承包指标比较，分析费用控制情况，提出控制方法，使工程费用始终处于受控状态。

从实际应用来看，EPC工程总承包要求项目管理者应具备《建设工程经济》包括的商务、报价、项目财务与会计知识，还应具有《建设工程项目管理》包括的质量、健康、安全、环境管理、项目控制、项目进度费用控制管理、设备材料控制管理、合同索赔、风险、保险等方面的知识，和相应的法律法规等知识，以及《专业工程管理与实务》包括的专业工程设计、采购、催交、检验、运输、施工安装技术、施工管理、开车等方面知识，同时具备以下4个方面的素质要求：即品格、能力、经验和个人修养。

1）品格

敬业精神、求实精神、信心和毅力、通情达理、明智用权、认真负责。

2）能力素质要求

- 组织领导能力。要知人善任，能有效地组织、动员他人，完成任务。
- 概括、归纳能力。主持重要会议，谈判，处理报告。从错综复杂的事物和意见中概括、归纳出符合逻辑的有条理的意见。
- 分析、判断、预测和自主决策的能力。应善于分析、判断。同时要有预测能力，防患于未然。
- 善于沟通的能力

上级沟通，指及时向上司报告，及时获得领导的意图和指示。

平级沟通，指对协作各方及时的协调和沟通。

下级沟通，指及时传达决定，及时掌握情况，及时解决问题等。

- 处理人际关系的能力。善于与人共事，善于团结人，善于解决冲突。
- 语言能力。包括文字和语言表达能力。对于涉外工程，还应具备外语能力。
- 工作效率。抓主要问题，迅速反应，及时解决。

3）经验素质要求

《建造师执业资格制度暂行规定》(人发[2002]111号)对报考一级建造师执业资格的人员作了具体规定,其中要求除应取得工程类或工程经济类大学专科学历外,还要求报考者从事建设工程项目施工管理工作一定年限,这项规定强调的就是经验素质问题。

- 在职经验:指担任某职位的工作经验;有了项目经理助理的经验,可以升迁为项目经理,有了项目经理的经验,可以升迁为高级项目经理。
- 地区经验。指在项目所在国或地区工作过的经验,如在发达国家当过项目经理,或在发展中或落后国家当过项目经理的经验。
- 同类项目经验。干过同类项目越多,经验就越丰富;如干过合成氨项目的项目经理再做合成氨项目,老马识途,轻车熟路。

4)个人修养的素质要求。建造师的个人修养在项目管理过程中能发挥积极的,有时甚至是意想不到的作用。建造师个人修养较高,处理问题比较客观、中肯,能使项目组的工作环境比较协调、宽松,有利于发挥项目组成员的主动性和积极性。

建造师的个人修养包括:
心理上的成熟,如自我克制能力等;
能听取多方意见,态度客观;
能关心他人,帮助他人;
有自我认识的意识,依靠他人,补己不足;
以自己的行为影响他人,如刻苦,适应各种艰苦环境,谦让等。

2. 建造师在EPC工程总承包中的地位和作用

建造师是执业资格,必须经过注册方可以其名义担任工程项目经理。故建造师在EPC工程总承包中的地位和作用必须在由企业聘任为EPC工程总承包项目经理后才可获得和发挥建造师的地位和作用。主要有以下几点:

- 受聘项目经理后,应作为企业法人代表授权代表,全权代表企业履行授权项目的合同;其活动受法律保护和约束。
- 作为授权项目的领导者,对项目的实施效果负责。
- 在项目实施工程中,有权使用企业的各种资源。
- 在所授权项目中应起到企业全权代表的作用。
- 应起到项目策划和计划的作用。
- 应起到项目组织实施的作用。
- 应起到综合管理的作用。
- 应起到对内外统一协调的作用。
- 应起到实现项目目标的控制作用。

(上接45页)

的答案用铅笔在答题卡相应位置上轻轻记录(可以打勾或轻轻一画)。待审定确认不再改动后,再在记录的答题卡上加重涂黑。

三、猜答技巧

选择题存在凭猜答得分的可能性,我们称为机遇分。这种机遇分对每个考生是均等的,只要正确把握这种机遇,就不会造成考试的不公平。

(一)单选型选择题猜答得分的机遇

标准化考试用得比较多的是单选型选择题,例如四选一题型。因答错不扣分,当遇到不能肯定选出正确答案的题目时,千万不要放弃,应该猜答。若能肯定地排除一个或两个干扰项,余下的选项可以猜答,这时得分的机遇大于失分的机遇。

(二)多项选择题的猜答机遇

多选型选择题不易猜答但仍有它的答题基本方法:

(1)消元法:多选题有2~4个答案是正确的,其干扰项(错误项)最多为3个,因此,遇到此题运用消元法是最普遍的。先将自己认为不是正确的选项消除掉,余下的则为选项。

(2)分析法:将5个选择项全部置于试题中,纵横比较,逐个分析,去误求正,去伪存真,获得理想的答案。

(3)语感法:在答题中因找不到充分的根据确定正确选项时,可以将试题默读几遍,自己感觉读起来不别扭,语言流畅、顺口,即可确定为答案。

(4)类比法:5个选项中有一个选项不属于同一范畴,那么,余下的三项则可为选项。如有两个选项不能归类时,则根据优选法选出其中一组选项作为自己的选择项。

(5)推测法:利用上下文推测词义。有些试题要从句子中的结构及语法知识推测入手,配合自己平时积累的常识来判断其义,推测出逻辑的条件和结论,以期将正确的选项准确地选出。

编者注:有关考试的具体技巧还可参照《建造师1》中的几篇文章,相信专家的建议会让你考试更加顺利。

另外,在试卷中发现有人不在指定位置答题,这样失分就很不值得。还有人因答题位置不够应答,另附纸答题,最后在附纸上签上姓名,这是不行的;如果附纸还可以,但千万别在试卷及附答题纸上留下姓名。如果留下姓名不但本题无分,而且会使你整份试卷主观题部分全部无效,切记!

建设工程施工合同风险管理

◆ 邓新娣

在市场经济环境下,经济合同是涉约各方之间进行某一特定经济交往活动的最重要的约束性文件。建设工程施工合同则是建筑施工企业在其施工承包经济活动中与发包方之间最重要的约束性文件。建筑施工企业的主要经营活动是施工承包,建筑施工企业的主要经营风险与其承揽建设工程项目的施工合同的签订、履行以及合同争议的处理有着密不可分的关系。一个建筑施工企业如果在施工合同的签订、履行以及争议处理上缺乏风险意识,没有有效的风险管理,那么这些合同风险就必然失去控制而导致企业的重大经济损失。因此,建设工程合同风险管理在整个建筑施工企业经营风险管理中占有极其重要的地位。

当前,在工程建设中的各种合同纠纷越来越多。围绕着建设工程施工合同产生的经济纠纷和法律诉讼突显出建筑施工企业对建设工程施工合同的风险管理十分缺乏,十分薄弱。如何进行施工合同风险管理是建筑行业,尤其是建筑施工企业亟待探讨和解决的问题。

相当一段时间以来,大批建筑施工企业针对防范和规避合同风险作了大量、积极的探索,特别是在合同纠纷和法律诉讼的处理中,实际上已对施工合同风险的管理作了大量的实践,如:依据合同实施有效的经济索赔以及由此积累的建筑施工的索赔案例和经验。这些有效减少或规避合同经济风险的措施和办法,在建筑施工行业中已被广泛应用。但是,如何更全面、系统、合理地解决建设工程施工合同风险,如何预先评估、调整、应对建设工程施工合同风险,如何减少、分解、规避建设工程施工合同风险,这便是建设工程施工合同风险管理面对的课题。

建设工程施工合同风险管理,归纳起来主要有以下六项基本工作:

1. 招标文件评审,进行投标风险评估;
2. 投标文件评审,制定风险应对策略;
3. 施工合同文件评审、谈判、签订,限定施工合同风险;
4. 分包合同管理,合理分解风险;
5. 全面履行合同,消除履约隐患和风险;
6. 施工合同经济索赔,抵减和规避合同风险。

一、招标文件评审,进行投标风险评估

招标文件是一个较为完整的主要反映业主意愿要求的合同条件性文本,招标文件的合同条款将作为施工企业一旦中标后的文本文件。招标文件都是由专业甚至是专家为业主招标而专门制定的文本文件。招标文件的合同从本质上讲是具有单方(业主)合同的性质。对施工企业来讲都是条件性和约束性的要求,具较大的履约风险、经济风险和其他不可预见风险。所以对业主发出的招标文件进行评审,已经在越来越多的施工企业中引起重视。

对招标文件不进行评审就进行投标是盲目的投标,这样做的风险是显而易见的。现在虽然施工企业一般不会这样简单从事了,但对招标文件只做一般评审,不做风险评估。就是只对招标条件进行逐一的满足式评价。只认定可以投标或不可以投标。而对招标文件的条件风险不进行经济风险认定、风险预估或评判,这是施工企业较为常见的做法。

施工合同的经济风险管理必须从招标文件评审、招标条件风险评估开始。招标文件评审中常见的风险可分为四类(见风险类别表):

风险类别表

序号	风险名称	风险内容
1	法律风险	业主信誉: 有些业主或中小开发商自身资本实力不足,一旦经营出现风险,就会累及施工企业;或资金不足、资信不好,都会给施工企业带来风险。 条款陷阱: 业主选择有利于自己的争议解决方式和地域管辖; 减少业主方的违约事项或减弱违约责任程度或不约定违约责任; 权利义务不对等; 合同条款的合法性严密性有问题; 索赔条款范围限制的不合理; 自制文本的条款笼统、含糊、定义不准确、主要条款缺失、避重就轻、向施工单位转嫁风险; 工程余款竣工6个月后支付,丧失优先受偿权的条款; 投标或业主贷款要求放弃优先权作出的承诺; 先急于签订缺失的备案合同,后签订执行合同的阴阳合同风险; 等等

续表

序号	风险名称	风险内容
2	履约风险	工期要求： 业主要求的工期限定，比合理工期压缩很多，对施工单位可顺延工期的因素限定范围很窄，发生工期延误罚款比例或数额较大，违约责任限定较重，往往节点工期和竣工工期双罚。 质量目标： 要求达到省优质，鲁班奖，国优，这些奖项是每年评出来的，并有数量限制，是优中选优。能否达到是有风险的。 其他等
3	经济风险	有变相垫资行为的进度款支付比例过低条件； 无利息延迟付款及不支付违约金条件； 审核结算时间和尾款支付时间过长的经济风险； 业主限定费率高低的费率招投标； 固定总价承包的风险； 业主自身应承担的风险转移条款； 等等
4	其他风险	不可预见性风险； 不可抗力造成风险； 其他扰民或民扰等风险

招标文件评审进行招标条件风险评估，主要是找出可能出现的风险事项，然后对可能出现的风险事项进行基本分析和研究对策。

二、投标文件评审，制定风险应对策略

在招标文件评审决策投标后，进入投标工作。

在依据招标文件提出的招标条件，及决策投标时对风险基本预估的基础上，进行投标文件的编制，一般包括施工方案文件和经济报价文件两部分。

在编制投标文件的过程中及编制完成之后，尤其是编制完成之后，必须进行评价审核，制定风险应对策略，最终投标文件评审通过才可正式报出投标文件。

投标评审是施工合同管理中十分重要的管理环节，它主要作用是在投标过程中，对预估风险进行预防策划，制定控制风险的对策和措施，是对预估风险的对策进行评价。严格地讲，没有任何风险的投标是不存在的，投标评审就是应对风险的充分准备过程。

在投标过程中，还会产生竞争性风险，它主要由于企业为了竞争取胜，往往会过度压价让利或提出承诺性条件，如：在招标限定的工期内进一步压缩工期，或提出获鲁班奖、国优奖等，往往伴有自罚性质条件。这是竞争措施，却也是合同经济风险。

预估风险的对策可分为：承受性对策、限定性对策、规避性对策、制约性对策、分解性对策。

承受性对策是指对某些风险事项采取必须接受或可以接受的措施和态度。如必须接受招标要求的工期限定，质量目标等，否则就不能投标。

限定性对策是指对某些风险事项采取限定范围，控制程度的措施和办法。如：制定工期拖后的罚金最高限额或预估延误工期可承受的罚金额度。

规避性对策是指对某些风险事项采取抵减、避免或消除的措施办法。如索赔的考虑，破解法律陷阱性条款。

制约性对策是指对某些风险事项采取向业主要求保证性条件的措施和办法。如为保证工期，业主必须保证设计图纸、材料设备提供的时间，工程付款时间的限定等。

风险对策方式表

序号	投标评审风险类别	风险内容	风险对策
1	履约风险	1. 工期 2. 质量目标 3. 特殊要求	承受性对策；限定性对策；制约性对策
2	经济风险	所有经济风险内容同风险类别表	限定性对策；规避性对策
3	法律风险	1. 业主信誉 2. 条款陷阱 （具体内容见风险表）	规避性对策；限定性对策
4	其他风险控制	1. 不可预见风险 2. 不可抗力风险 3. 其他扰民或民扰	限定性对策；承受性对策
5	竞争性风险控制（主要在招标文件评审中解决）	1. 压价、让利 2. 条件允诺（如在招标限定的工期内再压缩工期或在限定的质量要求上再提高质量标准）	承受性对策；限定性对策

三、施工合同文件评审、谈判、签订，限定合同风险

投标中标后，往往需要在限定的时间里与业主签订施工合同。在合同签订前，一般情况下双方要进行合同的具体条款协商谈判，确定双方协商确认的合同条款及合同文本文件，合同签订前进行施工合同评审。

这时进行的合同条款评审、谈判是十分必要的，是对合同细节的具体约定，是对招标文件的合同条款澄清、确认、细化、具体化以及修改、补充。这个过程是对合同风险进行最终条件限定和减小的过程。如果不进行合同条款的细化、修改和补充，不对合同风险进行限定，合同中的很多风险不可能降低，反而会扩大和增加，造成比预估风险还要大的风险。所以必须通过合同评审谈判把合同风险加以限定，使施工合同评审的风险被限定在招标文件与投标文件评审时设定的风险之内。

这时进行的谈判和施工企业内的招标合同评审，性质是补充性的，并且只能是补充性的。因为它必须依据招标时的合同条件进行详细化、具体化的补充和延展性的修改，而不能根本性的去改变招标合同条件要求。所以合同文件的谈判和评审，只能是对招标时的合同风险进行限定和减小，而不是进行根除，也不可能根除。

合同风险限定，主要是施工企业通过施工合同评审、制定合同条款协商谈判及合同文件授权签订，来调整和限定招标投标文件评审时提出的预估风险。

风险对策中的分解性对策适用于劳务分包和专业分包，即转嫁风险。但不是所有的风险都可以转嫁的。并且可以转嫁的风险也不是全部转嫁给劳务和专业分包，而只是合理的部分的分解风险事项。

通过合同评审，将拟定的合同条款再协商谈判及合同文件授权签订，原来提出的各种对策可能全部得到解决，甚至解决的更好，但有时也出现部分不能得到解决的对策，这时它们就变成了必须承受的风险事项，须留在合同履行时注意风险规避和控制。

四、分包合同管理，合理分解风险

与业主签订建设工程施工合同之后，建设工程施工任务就由建筑施工企业承担。建筑施工企业需要依据工程特点内容，选择劳务分包和工程专业分包施工队伍（分包企业）。组织它们来分别完成劳务施工和专业施工。因此，如何进行工程分包，如何签订分包合同，如何进行分包管理，是保证工程合同履约的重要工作。

对分包（包括劳务分包、专业分包及物资供应）进行招标条件制定和招标选择，分包合同拟定、谈判和签订，是分包合同管理的主要内容。做好分包合同管理，合理分解合同风险责任，是施工合同风险管理中如何进行建设工程施工合同经济风险分解的主要环节。

五、保证全面履约施工合同，消除履约隐患和风险

工程施工不能全面履约，是建筑施工企业施工合同风险中的责任性风险，是施工企业必须承担责任的风险。

建筑工程施工周期长（基本是以年月为单位进行计算），过程因素十分复杂。设计、业主、监理、政府、资金、措施、环境、气候，市场价格变化、不可预见因素、企业管理波动等等，都是影响工程履约、实现工程目标的条件因素。工程目标不能全面实现，合同不能全面履约是产生纠纷和诉讼的主要诱因。因此，如何利用有利条件克服不利条件，确保全面履约，从责任上消除合同经济风险。

工程目标不能全面实现，合同不能全面履约产生的原因是多方面的。但从合同责任的角度看，可以分为业主责任、施工企业责任及不可预见性的其他责任。其中业主责任应包括业主负责的资金保证、设计修改、材料设备提供、图纸提供等，这是施工企业规避风险的主要方面（经济索赔的主要方面），不可预见的其他责任是应在合同签订时注意预防的一个重要内容。施工企业责任应当是确保全面履约，从责任上消除合同风险的核心内容。

施工企业必须按合同要求，确保按工期、质量、安全及其他合同具体要求全面履约，才能消除合同履约责任风险。

六、施工合同经济索赔，抵减和规避合同风险

建设工程施工活动中，经济索赔是不可避免要发生的。因为建设工程是一项施工工期长、涉及各方面条件因素十分复杂的施工生产活动。这其中设计变更与修改、业主对使用功能要求变化是不可避免的。地质情况变化、资金保证不够、业主提供图纸和材料设备供应不及时等都会给施工方带来工期履约困难和经济费用增加。所以经济索赔是不可避免的。

风险分解列表

序号	风险名称	风险内容	风险分解程度
1	法律风险	1. 业主信誉； 2. 条款陷阱 （具体内容同风险类别表）	不能分解 部分分解
2	法律风险	1. 工期； 2. 质量目标； 3. 特殊要求	分解相关专业工期 分解相关分部分项质量要求 分解相关要求
3	经济风险	1. 有变相垫资行为的进度款支付比例过低条款； 2. 无利息延迟付款及不支付违约金条款；	部分分解（原则上不能分解） 同减比例分解

续表

序号	风险名称	风险内容	风险分解程度
3	经济风险	3. 审核结算时间和尾款支付时间过长的经济风险；	部分分解
		4. 业主限定费率高低的费率招投标；	部分分解
		5. 固定总价承包的风险；	耗量包干分解及部分总价包干分解
		6. 业主自身应承担的风险变相转移条款等等	部分分解
4	其他风险	1. 不可预见风险；	部分相关分解
		2. 不可抗力风险；	部分相关分解
		3. 其他扰民或民扰	扰民可分解，民扰不可分解
5	竞争性风险	1. 压价、让利；	分包合理降价，让利分解
		2. 条件允诺（如在招标限定的工期内再压缩工期限定的质量上再提高质量标准）	分解相关保证条件

施工企业进行经济索赔，主要是经济责任索赔和工期索赔（即要求延长工期）。经济索赔主要有以下内容：

1. 设计变更影响工期延长和造成经济费用的增加；

2. 业主指令错误，造成返工的经济损失；

3. 材料涨价或超过合同约定涨价系数而造成的经济支出；

4. 业主图纸供应不及时，材料设备供应不及时和质量规格不符合设计文件等影响工期和造成经济损失；

5. 发生的地质实际情况与业主提供的资料不符造成的额外经济支出；

6. 业主原因和非承包人影响工期的因素或情况发生，造成的工期延误和经济损失；

7. 业主延期支付工程款而影响工期和造成的经济损失。

合同是索赔的依据，索赔是合同经济风险管理的延续。要随时结合施工过程的实际情况分析、研究、保护自己的合法权益，做好索赔工作。同时，还必须重视做好施工合同档案管理工作。

施工中发生以上影响施工企业工期及增加经济费用的因素时，应按合同约定的原则和时间及时办理签证和预算申报的审批确认手续，必须将所有与索赔因素有关的洽商变更、签证、合同变更修改补充协议、会议纪要、往来函件等资料及时齐全地按档案管理要求集中，专人归档管理，合同文件及相关资料属重要的法律文件。施工合同资料档案管理是指施工企业接收招标文件开始，经过的投标、签订合同、履行合同全过程中形成的与施工合同、合同工期、合同质量、工程造价、预算结算等经济有关的资料收集。基本包括招标文件、中标通知书、承诺书、投标文件、施工合同及补充协议、洽商变更的有关资料、工期经济签证、有关发生索赔因素的记录和双方确认的资料、双方往来函件、会议纪要或记录、补充预算、竣工结算等资料规范化档案管理。为届时的经济索赔和竣工结算和纠纷的法律诉讼提供完整齐全和有利的文字法律依据或证据，以此规避法律经济风险。

总结上述六个方面，建筑施工合同经济风险管理应是一个全面的、系统的、科学的企业合同经济风险管理，而不是单一的项目合同管理。合同风险管理必须从招标活动开始，从招标文件评审开始。这是进行风险预估、制定对策及风险限定的阶段。这个阶段首先是招标文件评审进行招标条件风险预估；然后进行投标文件评审，制定风险对策；在此基础上（如中标），着手合同条款拟订、评审、谈判、签订，进行合同风险限定。随后进入第二阶段，即对合同风险进行分解和控制，这主要是合同的履约阶段。主要内容是分包合同管理，合同分解风险责任，保证全面履约，从责任上消除合同风险。第三阶段是规避合同风险及法律保障。主要内容是合同经济索赔，抵减合同经济风险；合同档案管理，避免证据不足而出现法律风险。

（编者注：有关本文所涉案例请关注《建造师3》，相信案例的解析会让您更易操作）

防患于未然

——从北京西单西西4号地工程事故想起

◆仝为民

北京西单西西工程4号地项目事故，又一次给建筑施工安全敲响了警钟。现阶段全国上下正在紧锣密鼓地开展安全生产活动，从中央到地方以及各企业都把安全生产当作一件头等大事来抓。在这样一个大环境下，为什么西西工程4号地项目工程还会发生这么严重的安全事故？确是一件令我们深思的事情。

西西工程4号地项目事故的直接原因，是因模板的支撑体系失稳突然坍塌造成的。根据报道："北京市建委表示，事故发生后，市建委及相关部门对事故的原因进行了调查。结果发现，在模板施工过程中，中国第二十二冶金建筑公司不按有关模板施工的法规和规范编制施工方案，不按有关法规规定履行审批手续进行违章指挥施工，最终导致发生重大事故。与此同时，北京希地环球建设工程顾问有限公司在对该工程实施监理时，不按法规规定认真对模板专项施工方案审核查验，对在模板方案未审批就开始施工的行为不予制止，其最为严重的是在浇筑混凝土前本应有监理签字方可浇筑，但这一重要环节没有按规定实施。"这是一起没有照章办事，没有履行规定的事故。从施工管理上讲，西西工程4号地项目确实存在管理漏洞，这一漏洞不仅仅是没有按照规范和规定编制模板施工方案，工程监理违规行为没有及时进行制止，而是作为工程的管理者，不懂得科学管理，根本没有意识到，在整个工程的施工过程中，在模板支护施工这方面还存在着安全隐患；没有想到这一安全隐患会造成这么严重的后果。

笔者认为，施工安全管理至少应具备两个层次的管理。第一层次的管理，是严格按照国家的法律法规，按照安全生产条例指导安全生产，按照规章制度办事。这是必不可少的也是最基本的，即使做到了这些，也不能够确保不出现安全事故。第二层次的管理是在管理实施过程中建立有效的监督管理机制和预警机制，建立长效的分层次的安全生产管理机制，要针对不同工程的具体特点，依据工程经验和科学的分析方法制定出相应的管理措施，并能够在动态管理过程中及时找出和发现可能存在于管理中的漏洞和存在安全隐患的薄弱环节，然后提出相应的防范措施，防患于未然。

建筑行业是一个高风险的行业，安全隐患存在于生产过程中，生产管理和安全管理是密不可分的。建筑行业的产品不像制造业的产品具有单一性和重复性，每栋建筑都各不相同。在管理者的意识中不应该将生产管理和安全管理分开。任何技术措施上的差错和生产管理上的漏洞，其结果都可能造成安全事故。

作为国家大型建筑施工企业的中国第二十二冶金建筑公司，相信他们有完善的施工安全管理条例和措施。有足够的技术力量和手段满足对模板支撑体系的设计和施工，项目上的工程技术人员和管理者也有相应的工程经验，能够制定出合理安全的模板施工方案。之所以在未经监理单位审批模板方案的情况下就贸然浇筑混凝土，其原因就是施工的技术人员和管理者没有按照科学的管理程序办事，忽视了这一施工部位的特殊性。为了保证施工进度，在自认为不会出事的前提下，做出了错误的判断，贸然行动，酿成了安全事故。

西西工程4号地项目发生事故的这一部位，是预应力空心楼板的施工部位，属于一种较新型的施工工艺，整个楼板的面积为16.8m×25.2m，属于大跨度混凝土板，板厚为550mm，比通常的混凝土板要厚得多，因此自重也要大得多，并且位于地上5层，5层以下到正负零层是高20多米的大空间。从技术上讲，在这一部位施工包括了预应力施工、现浇空心板施工和大跨度高层混凝土楼盖施工等于一体，已属于特殊的混凝土施工部位，作为有经验的施工管理者和工程技术人员，应该对这部位的施工引起高度的重视，更要重视这一部位各工种的施工方案，提出相应的技术和安全保障措施。

大跨度、大空间混凝土楼盖施工时，模板的支撑体系发生失稳坍塌和变形过大的事情时有发生，笔者在近两年的施工中就遇到过多起，虽然没有造成人员伤亡，但都带来不小的经济损失。应该说，大跨度、大空间混凝土楼盖施工时，模板的支撑体系是一个极容易出现问题的地方，因此在施工前，就应该针对这一薄弱环节进行相应的准备。

现在的许多建筑施工企业，虽然都在

讲安全第一，但事实上却是追求效益和进度第一，生产和安全是脱节的。虽然有完善的规章制度，但多流于形式，以不出事情为目的，或者成为推卸责任的一种手段，只要手续齐全，只要按规定做了，再出了任何事情就可以逃脱责任。没有真正建立科学有效的安全生产管理体系，没有多重把关机制。

建立有效的管理预警机制，切实做好施工的管理工作，在工程施工的不同阶段、不同的工种内，在实施施工前认真地做好施工方案，提出注意事项，提出防范措施，并且严格地去执行，就可以有效地防范事故的发生。

比如在大跨度预应力混凝土楼板开始施工前按程序做好如下的工作：

1．在施工前就预应力空心板部位的施工开一个专题讨论会，由各专业施工单位提出施工中的技术要点和可能出现的问题及注意事项，由总包单位汇总并进行各工种的协调工作。

2．由各专业技术人员编制各自的施工方案，如模板支护方案、空心管施工方案、预应力施工方案等。

3．由各专业技术负责人审核、审批施工方案，并报土建总包技术部门审批。

4．报施工监理单位审批。

5．向主管工长和施工人员进行技术、安全交底。

6．各专业施工单位严格按照施工方案实施，由土建总包和监理单位监督执行。

如果西西工程4号地项目按照上面的程序去做就可能不会发生事故。

在这一程序的实施过程中，会不断有信息反馈，对技术、安全不成熟的地方提出意见和改进方案，通过多层次的信息反馈，是完全可以避免事故产生的。而这一工作如果做在施工的前面，进行充分有效的准备，不但不会占用工期，而且能够确保工程的进度。

生产管理是一门科学，安全管理是生产管理的一个组成部分。作为管理者要将被动的管理变为主动的管理。安全管理不再停留在遵守规章制度上面，而是要进行深层次的管理，要主动出击，通过各种信息的反馈，在生产的各个环节上寻找管理中和安全上的漏洞，通过一切可能的手段，调动一切可以调动的资源来发现漏洞、消除漏洞，确保施工生产的平稳实施。这样才能够建立起一套行之有效的动态的安全预警机制，防患于未然。

资料链接：

2005年11月11日，北京市建委通报了对西单工地坍塌事故的处理结果，工程总包方中国第二十二冶金建设公司被取消在北京建筑市场招投标资格12个月，5名涉嫌重大责任事故罪的相关责任人被建议移交公安机关处理。

据了解，2005年9月5日22时10分发生在西西工程4号地项目工地，造成8死21伤的坍塌事故，是由于中国第二十二冶金建设公司在模板施工中不按专项施工方案，未履行审批手续就违章指挥施工，最终导致这起重大事故的发生。北京希地环球建设工程顾问有限公司在对该工程实施监理时，不按法规规定认真对模板专项施工方案审核查验，对在模板方案未审批就开始施工的行为不予制止。

据悉，对责任单位的处理是，建议建设部给予二十二冶降低一级施工企业资质；建议建设部对北京希地环球公司降低一级建设监理资质，提请河北省建设厅对二十二冶安全生产许可证实施处理；取消二十二冶在北京建筑市场招投标资格12个月；责成二十二冶立即对其在北京市所属的施工项目全面停工整顿；取消北京希地环球公司在北京市建筑市场投标资格12个月。对责任人的处理是，二十二冶西西工程4号地工程土建总工程师李乐俊，对事故发生负有重要技术责任；二十二冶西西工程4号地工程项目部总工程师杨国俊，对事故发生负有主要技术管理责任；北京希地环球公司驻西西工程4号地工程项目部监理员吴亚君，对事故发生负有重要责任；北京希地环球公司驻西西工程4号地工程项目部总监吕大卫，对事故发生负有重要责任；二十二冶西西工程4号地工程项目经理胡钢成，对事故发生负有直接责任，上述5人均涉嫌重大责任事故罪，建议移交公安机关处理；责成中国冶金建设集团公司和二十二冶对事故涉及的相关责任人进行责任追究和处理；对二十二冶总经理王秀峰处以10万元罚款。

另据悉，西西工程已经复工，但安全许可证仍暂扣。

政策法规
Zheng Ce Fa Gui

关于进一步完善建筑施工企业一级项目经理数据库，规范项目经理资质证书管理的通知

建市函 [2006] 1号

各省、自治区建设厅，直辖市建委，新疆生产建设兵团建设局，国务院有关部门，总后基建营房部，国资委管理的有关企业，有关行业协会：

为进一步规范建筑市场秩序，综合治理目前建筑市场中出现的项目经理人证分离、一人多证，以及非法扣押建筑施工企业项目经理资质证书等行为，同时为项目经理资质管理制度向建造师注册执业制度平稳过渡做好准备，我部决定进一步完善建筑施工企业一级项目经理数据库，规范一级项目经理资质证书管理。现将有关事项通知如下：

一、认真补充填报有关信息，完善一级项目经理数据库

各省、自治区、直辖市建设行政主管部门和有项目经理管理权限的有关部门，应组织管辖范围内的施工企业，按以下要求，认真补充填报、核对和变更一级项目经理有关信息，完善一级项目经理数据库。

（一）企业补充填报一级项目经理数据库有关信息的做法和要求。

1. 2006年4月1日前，各省、自治区、直辖市建设行政主管部门和有项目经理管理权限的有关部门，向其管辖范围内施工企业分发登录中国工程建设信息网（www.cein.gov.cn）的用户名和密码，企业通过用户名和密码，登录中国工程建设信息网，进入专业人员栏目，打开项目经理数据库，补充填报本企业注册的所有一级项目经理的身份证号、在岗情况及奖励情况等内容。对于正在担任项目经理职务的具有一级项目经理资质的人员，企业应如实填写在岗信息，包括工程项目名称和项目所在地等内容。

2. 企业在网上补充填报的一级项目经理身份证号、在岗情况及奖励情况等信息必须真实、准确、完整。凡填报虚假信息的，将记入企业和个人不良行为记录。

（二）核对、变更一级项目经理数据库有关信息的具体要求。

1. 2006年4月1日前，企业应对一级项目经理数据库中本企业注册的一级项目经理已有信息与项目经理资质证书内容逐一进行核对，如有不一致的，应按一级项目经理资质变更程序进行网上信息变更。

2. 2006年4月1日后，一级项目经理上岗情况发生变化的，企业应及时登录中国工程建设信息网，自行变更相关信息。项目经理的奖励情况信息可由所在企业随时上网进行填报，奖励情况信息可以添加，但不得修改。若变更奖励情况信息，须按一级项目经理资质变更程序进行网上信息变更。

（三）2006年4月1日后，对一级项目经理数据库中企业没有及时补充填报项目经理身份证号和在岗情况等信息，以及未核对、确认项目经理其他信息的，中国工程建设信息网将屏蔽该项目经理基本信息。企业按照要求补充填报并核对有关信息后，中国工程建设信息网再公布其基本信息。

（四）地级及以上建设行政主管部门和国务院有关部门应及时将县级以上有关政府部门对企业一级项目经理做出的通报批评和行政处罚填写到一级项目经理数据库不良行为记录栏中，并在网上公布。

二、充分运用一级项目经理数据库中的信息资料，加强建筑市场动态监管

（一）完善后的一级项目经理数据库将于2006年6月1日正式启用，向社会公开项目经理的姓名、所在单位名称、证书编号、所学专业、业绩情况、在岗情况、最近两次变更时间及内容、奖励情况、不良行为记录等基本信息。一级项目经理资质证书中记载内容与中国工程建设信息网公开的基本信息不一致的，一律以网上公开的基本信息内容为准。

（二）各地建设行政主管部门和国务院有关部门可通过中国工程建设信息网，查询各企业注册的一级项目经理人数和相关信息，并作为企业资质审核、人员资格管理、市场监管和招投标管理的重要依据。

（三）建设单位在工程招标时，可通过中国工程建设信息网查询投标企业项目经理的业绩、信用和在岗情况及公开的其他相关信息。

三、进一步规范一级项目经理资质证书的管理

（一）2006年6月1日前，各省、自治区、直辖市建设行政主管部门，应对本辖区内的建筑施工企业的一级项目经理资质情况进行一次抽查。重点检查项目经理在岗情况是否属实，企业项目经理人数是否满足企业资质标准要求，是否存在无证上岗、人证分离、一人多证，以及伪造、涂改、转让、非法扣押项目经理资质证书等行为。对检查中发现的问题，要依据《建筑业企业资质管理规定》和《建筑施工企业项目经理资质管理办法》等规定，给予相应处理。请各地在2006年6月15日前，将检查结果报送我部建筑市场管理司。

（二）一级项目经理资质变更注册，仍按照《关于建筑业企业项目经理资质管理制度向建造师执业资格制度过渡有关问

题的通知》(建市[2003]86号) 规定的程序执行，由项目经理个人填写《一级项目经理资质变更申请表》(附表1)，并出具有关证明材料，现企业和原企业填写意见后，由企业工商注册所在地的省、自治区、直辖市建设行政主管部门或有项目经理管理权限的有关部门办理变更手续，并填写《一级项目经理资质变更备案表》(附表2)，报建设部建筑市场管理司备案，并在中国工程建设信息网上变更有关信息。

对涉及项目经理专业变更、一年之内变更注册单位一次以上和项目经理年龄超过60周岁需要资质变更注册的，项目经理个人应填写《一级项目经理资质变更申请表》，并出具有关证明材料，经企业工商注册所在地的省、自治区、直辖市建设行政主管部门或有项目经理管理权限的有关部门审查，报建设部建筑市场管理司审核同意后，予以变更。

(三) 项目经理因工作单位变动变更注册的，项目经理应与原聘用单位解除聘用劳动关系，并与新聘用单位签订聘用劳动合同。企业办理变更注册手续时，应向主管部门提交项目经理聘用合同、工资证明、缴纳"三金"的凭证等有关证明材料。

(四) 项目经理资质证书是项目经理上岗的凭证，今后任何单位和个人不得非法扣押项目经理资质证书。

(五) 项目经理资质不分专业，项目经理资质证书上的专业仅为项目经理本人所学专业。

各地可参照本通知制定相应的管理办法，加强二、三级项目经理资质管理工作。

附件：1. 一级项目经理资质变更申请表 (略)

2. 一级项目经理资质变更备案表 (略)

中华人民共和国建设部
二○○六年一月四日

人事部人事考试中心关于做好2005年度一级建造师执业资格考试考务工作的通知

人考中心函[2006]2号

各省、自治区、直辖市、新疆生产建设兵团及大连市人事厅(局)人事考试中心(院)：

一、根据人事部《关于2005年度、2006年度一级建造师资格考试时间安排及二级建造师执业资格考试证书有关问题的通知》(国人厅发[2006]3号)文件精神，2005年度一级建造师执业资格考试于2006年4月15日、16日举行，请各地严格按照《2005年度一级建造师执业资格考试工作计划》(见附件1)，做好考试组织工作。各地考试机构应会同建设行政主管部门共同做好报名资格审查工作。

二、根据人事部、建设部《关于印发"建造师执业资格考试实施办法"和"建造师执业资格考核认定办法"的通知》(国人部发[2004]16号)文件精神，已取得一级建造师执业资格证书的人员，可根据实际工作需要，选择《专业工程管理与实务》科目的相应专业，报名参加考试。成绩合格后核发国家统一印制的相应专业合格证明。该证明作为注册时增加执业专业类别的依据。为做好此项工作，现将有关事宜说明如下：

(一) 报考级别为考1科。报名时须持一级建造师执业资格证书。由于2004年度一级建造师执业资格证书正在发放中，对于已经通过2004年度考试而未能及时拿到一级建造师执业资格证书的人员，在申请参加《专业工程管理与实务》科目考试时，需经考试机构确认合格后，方可报名。

(二) 按照《建造师执业资格考核认定办法》，经人事部、建设部批准，全国共有近2万人经考核认定，取得了一级建造师执业资格证书，这些考生同样符合考1科条件，请各地报名时加以注意。

(三) 受理上述二类考生报名时，必须按新考生处理，使用新的档案号，否则无法生成专业通过标记。

三、考试信息采用《人事考试管理信息系统PTMIS》进行管理。针对该考试参考人数多、专业多的实际情况，我们对考前模板做了如下修改：

(一) 在考试级别中增加了考1科，原有信息(考试名称、级别、专业和科目代码)不变，详见考前模板。

(二) 对档案号和证书管理号编排规则进行调整：

1. 档案号调整为11位，流水号由4位增加到5位，编排规则为：考试类别(2位) + 考试年度(2位) + 省市代码(2位) + 流水号(5位)

2. 证书管理号编排规则调整为：考试通过年度(2位) + 证书发放省市(2位) + 报考专业(2位) + 档案号(11位)

(三) 为了适应此次考试，系统正在进行相应修改，随考务文件下发的考前规则，只适用于报名前期工作，我中心将及时将新版系统和考前模板上传到FTP服务器，请各地在生成档案号操作之前，及时升级系统，接收新的考前模板。

四、《建设工程经济》、《建设工程法规及相关知识》、《建设工程项目管理》三个科目为客观题,用2B铅笔在答题卡上作答,阅卷工作由各地人事考试中心组织实施。《专业工程管理与实务》科目共包括14个专业。《专业工程管理与实务》试题包括主观题和客观题,客观题用2B铅笔作答,主观题用黑色钢笔或签字笔作答。该科目仍采用计算机网络阅卷,使用专用答题卡。监考人员应提醒考生注意:1、认真阅读答题注意事项(答题卡首页);2、主、客观题用笔不同,防止用错;3、在答题卡指定题号和有效范围(框架)内作答。《专业工程管理与实务》科目阅卷工作由全国统一组织实施,考试结束3天内将《专业工程管理与实务》专用答题卡通过机要方式寄至试卷接收点。寄送内容包括:专用答题卡、考场情况记录单和交接单。

接卷单位:山大鲁能信息科技有限公司

地址:山东省济南市山大南路29-1号
邮政编码:250100

联系人:唐伟:0531-85056583 13505310557

张华英:0531-88652936 13964065657

考生应考时,应携带黑色钢笔或签字笔(用于主观题作答,为保证扫描质量,不得使用其他颜色的钢笔、铅笔、签字笔和圆珠笔),2B铅笔及橡皮,无声无编程功能的计算器。各科试卷卷本可作草稿纸使用,考后收回,不再另发草稿纸。

五、一级建造师执业资格考试为滚动考试(每两个考试年度为一个滚动周期),参加4个科目考试的人员必须在连续两个考试年度内通过应试科目为合格,符合免试条件的人员必须一次通过应试科目为合格。请注意本次考试为2005年度考试,考试成绩滚动以考试年度计算,不是自然年度。

六、考务费标准按照国家发展改革委、财政部《关于注册建造师执业资格考试收费标准及有关问题的通知》(发改价格[2004]2389号)文件,分别上缴建设部和人事部人事考试中心,其中:《建设工程经济》、《建设工程法规及相关知识》、《建设工程项目管理》为每人每科10元(6元付建设部,4元付人事部人事考试中心);《专业工程管理与实务》每人每科35元(25元付建设部,10元付人事部人事考试中心)。各地的收费标准,请有关规定向所在地物价、财政部门申报。各地考试机构要在考试结束后3个月内,将考务费按上述标准及时划拨到建设部和我中心。

建设部账号:

收款单位:建设部(中央财政汇缴专户)

开户行:中信实业银行首体南路支行

账　号:7112510189800000313

人事部人事考试中心账号:

收款单位:人事部人事考试中心(中央财政汇缴专户)

开户行:农行北京分行青年湖支行

账　号:190301040011514

七、有关购买考试大纲等事宜,请与中国建筑工业出版社发行部联系。联系人:张凤珍、胡宝未

电话:010-58933865 传真:010-68325420

网　址:http//www.china-abp.com.cn

八、2005年度一级建造师执业资格考试时间紧,任务重,各地人事考试中心要克服困难,严格按照有关文件规定和要求,认真做好考试报名、资格审查、考场设置、准考证编排、试卷预订单上报及评卷等各个环节的考务管理工作。在答题卡密封前,要有专人核对考场情况记录单中缺考、违纪信息是否和答题卡中的记录一致,保证考试结束后信息处理及时、准确;各地务必在上报考场信息前,加强对报名信息的检查和档案校验工作,确保报送信息完整、准确。在考试实施过程中,严格执行《专业技术人员资格考试违纪违规行为处理规定》,严肃考风考纪,确保考试顺利进行。

九、考试期间须有专人值班。有关考务问题与人事部人事考试中心联系,有关试卷内容问题与建设部执业资格注册中心联系(值班电话:010-68318963、68318964)

附件:

1.2005年度一级建造师执业资格考试工作计划 (略)

2.2005年度一级建造师执业资格考试试卷预订单 (略)

人事部人事考试中心
二〇〇六年一月十三日

关于2005年度二级建造师资格考试指导合格标准有关问题的通知

建办市函[2006]101号

有关省、自治区建设厅,直辖市建委,江苏、山东、浙江省建管局:

根据2005年度二级建造师资格考试数据统计分析,现将经研究确定的指导合格标准等有关问题通知如下:

一、指导合格标准

合格标准见右表

二、请各地按照上述指导合格标准对各科目及专业考试成绩进行复核,确认无

科目名称		试卷满分	合格标准
建设工程法规及相关知识		100分	60分
建设工程施工管理		120分	72分
专业工程管理与实务	房屋建筑	均为120分	72分
	公路		72分
	水利水电		72分
	电力		72分
	矿山		72分
	冶炼		72分
	石油化工		72分
	市政公用		62分
	机电安装		72分
	装饰装修		72分

误后,于2006年3月15日前向社会公布考试成绩合格人员名单。

三、请按照有关文件精神,抓紧做好资格证书发放及考试后期的各项工作。并请将合格人员名单和有关数据于3月底前报建设部执业资格注册中心备案。

中华人民共和国建设部办公厅
二〇〇六年三月一日

关于2004年度一级建造师资格考试合格标准有关问题的通知

国人厅发[2005]155号

各省、自治区、直辖市人事厅(局)、新疆生产建设兵团人事局:

根据2004年一级建造师资格考试数据统计分析,经与建设部有关部门协商。现将考试合格标准有关问题通知如下:

一、合格标准

合格标准见右表

二、请各地按上述合格标准对各科目及专业考试成绩进行复核,确认无误后,与人事部人事考试中心核对相关数

科目名称	试卷满分	合格标准
建设工程经济	100	60
建设工程法规及相关知识	130	78
建设工程项目管理	130	78
专业工程管理与实务:房屋建筑、公路、铁路、民航机场、港口与航道、水利水电、电力、矿山、冶炼、石油化工、市政公用、通讯与广电、机电安装、装饰装修。试卷满分均为160,合格标准均为96		

据,并将核准后的数据,按附表要求逐项填写,于12月26日前送我部专业技术人员管理司备案,备案数据作为发放资格证书的依据。

三、请按照有关文件精神,及时通过适当方式向社会公布考试合格标准和考试人员成绩,并抓紧做好资格证书发放及考试后期的各项工作。

附表:2004年度一级建造师资格考试情况统计表(略)

人事部办公厅
二〇〇五年十二月十五日

关于委托建设部执业资格注册中心承担建造师考试注册等有关具体工作的通知

建市函[2005]321号

各省、自治区建设厅,直辖市建委,新疆生产建设兵团建设局,国务院有关部门,总后基建营房部,中央管理的有关企业,有关行业协会:

为了进一步转变政府职能,保证政府主管部门集中精力研究制定政策和加强市场监管,建设部继续负责建造师有关政策制定、注册许可审批和建造师执业行为监管,负责与人事部及国务院有关专业部门、行业协会、地方建设行政主管部门工作协调,负责组织编制和审定建造师考试大纲,负责建造师执业资格

制度工作的指导、监督和检查等工作；同时决定将建造师考试、注册等有关具体事务性工作委托建设部执业资格注册中心承办。现将具体委托事项通知如下：

一、有关考试工作

（一）负责拟订考试命题、试阅卷、阅卷工作方案和工作计划，报建设部批准后实施。

（二）在建设部指导下，负责开发、建立和管理建造师试题库。

（三）在建设部指导下，负责组织考试命题，考试值班、试阅卷、阅卷等考试具体工作。负责与人事部人事考试中心联系考务有关工作。

（四）负责编制与考试有关的日常工作经费预算；经建设部核准并报财政部审批后执行，专款专用。

（五）负责提出考试命题专家队伍建设意见和建议，报建设部批准后实施。

（六）负责建造师考试、注册等方面咨询服务工作。

二、有关注册工作

按照建设部与各专业商定的建造师注册管理职责分工，负责建造师申请注册材料的具体审核；建立注册建造师数据库，并将注册信息在中国建造师网（www.coc.gov.cn）上发布。

三、有关继续教育工作

负责拟订注册建造师继续教育规划，在建设部指导下委托各专业组织实施。

四、有关对外交流工作

负责会同有关行业协会加强与有关国家和地区的建造师组织进行交流与合作，为中国建造师在有关国家和地区从事执业活动创造条件。

中华人民共和国建设部
二〇〇五年十月十四日

关于印发《二级建造师考试大纲修订工作会议纪要》的通知

建市监函[2005]93号

国务院有关部门建设司，有关行业协会，中央管理的有关企业：

现将《二级建造师考试大纲修订工作会议纪要》印发给你们，供工作中参考。大纲内容修订过程中有何问题，请与我司建设咨询监理处联系。

附件：二级建造师考试大纲修订工作会议纪要

建设部建筑市场管理司
二〇〇五年十二月十四日

二级建造师考试大纲修订工作会议纪要

2005年11月21日、28日，建设部建筑市场管理司先后在北京和重庆召开了二级建造师考试大纲修订工作会议，考试大纲的主编和有关专家应邀出席了会议，现将会议内容纪要如下：

一、二级建造师定位

二级建造师主要工作岗位是受建筑业企业聘任，担任施工项目经理，工作范围以施工现场管理为主，兼顾施工总承包。

二、修订二级建造师考试大纲的指导思想和原则

大纲的修订要充分考虑建造师的实践性需要，适应二级建造师执业要求，对合同、招投标等实际工作中涉及较少的内容，可适当减少其数量和降低难度，并将这部分内容调整为"了解"或"熟悉"。对于纯理论、有争议、过时和概念模糊等内容应予删除。

大纲修订要贯彻"四个结合"：一是与中等专业学历教育相结合；二是与中小型工程建设需要相结合；三是与二级项目经理实际状况相结合；四是与技术应用型人才的培养和建设相结合。同时，二级建造师考试大纲应保持与一级建造师大纲的结构、内容和体例相衔接。

三、二级建造师考试大纲编委会组成

二级建造师考试大纲编委会成员，原则上应在原编委会的基础上，保留三分之一左右的实践专家，具有中等学历教育的人员应不低于三分之二。

四、考试大纲内容要求

二级建造师考试大纲专业工程管理与实务科目分为三章，分别为技术、管理、法规，共120条左右。其中，技术占35%，管理占50%，法规占15%。将原"目"前的"掌握"、"熟悉"、"了解"挪到"条"前。

"管理"部分应突出质量、安全、进度、现场、成本等方面内容，适当考虑合同方面的知识，减少造价、招投标等内容。

五、计划安排

二级建造师综合科目考试大纲的修订应于2006年3月底前完成，3、4月间召开综合大纲与各专业大纲的协调会；各专业考试大纲的修订应于2006年4月底前完成；2006年8月底前完成考试大纲审定。

请各单位根据本科目的实际情况，制定工作方案和工作计划，并于2006年1月15日前报我司建设咨询监理处。

关于外国人在中国就业持职业资格证书有关问题的函

(劳社厅函[2005]323号)

各省、自治区、直辖市劳动和社会保障厅（局）：

《外国人在中国就业管理规定》（劳部发[1996]29号）规定，外国人在中国就业应具有从事其工作所必须的专业技能和相应的工作经历。2000年，我部依据《劳动法》和《职业教育法》，制定发布了《招用技术工种从业人员规定》（劳动和社会保障部第6号令），要求凡从事国家规定的职业（工种）的人员，须持有相应的职业资格证书。按照这一规定，外国人在中国就业，从事国家规定的职业（工种）的，也应持有相应的职业资格证书。现就外国人在中国就业持职业资格证书有关问题通知如下：

一、由于我国政府目前尚未与其他国家政府签订职业资格证书互认协议，所以外国人在中国从事国家规定的职业（工种），原则上必须持《中华人民共和国职业资格证书》。

二、外国人在中国从事具有外国特色的职业（工种），经劳动保障部批准，如西式烹调师、西式面点师等，可以持本国政府或行业协会颁发的职业资格证书就业或上岗。该证书须经过本国公证机关公证，公证证明应为中文或英文。

三、允许外国人在中国境内参加职业资格鉴定考试（只提供中文试卷），各地应对其参加鉴定提供相应服务。

劳动和社会保障部办公厅
二〇〇五年九月十三日

关于对《建设工程项目经理岗位资格管理导则》中有关问题的复函

建办市函[2005]648号

北京市建设委员会：

你委《关于对〈建设工程项目经理岗位资格管理导则〉中有关问题的请示》（京建科教[2005]943号）收悉。经研究，函复如下：

2003年，我部印发了《关于建筑业企业项目经理资质管理制度向建造师执业资格制度过渡有关问题的通知》（建市[2003]86号），明确规定了建筑业企业项目经理资质管理制度与建造师执业资格制度的关系。中国建筑业协会制定的《建设工程项目经理岗位资格管理导则》（建协[2005]10号）不能作为建设行政主管部门在人员资格管理、招标投标管理、市场监管等行政管理的依据。

中华人民共和国建设部办公厅
二〇〇五年十一月一日

关于开展建筑施工安全质量标准化工作的指导意见

建质[2005]232号

各省、自治区建设厅，直辖市建委，江苏省、山东省建管局，新疆生产建设兵团建设局：

为贯彻落实《国务院关于进一步加强安全生产工作的决定》（国发[2004]2号），加强基层和基础工作，实现建筑施工安全的标准化、规范化，促使建筑施工企业建立起自我约束、持续改进的安全生产长效机制，推动我国建筑安全生产状况的根本好转，促进建筑业健康有序发展，现就开展建筑施工安全质量标准化工作提出以下指导意见：

一、指导思想和工作目标

指导思想：以"三个代表"重要思想为指导，以科学发展观统领安全生产工作，坚持安全第一、预防为主的方针，加强领导，大力推进建筑施工安全生产法规、标准的贯彻实施。以对企业和施工现场的综合评价为基本手段，规范企业安全生产行为，落实企业安全主体责任，全面实现建筑施工企业及施工现场的安全生产工作标准化。统筹规划、分步实施、树立典型、以点带面，稳步推进建筑施工安全质量标准化工作。

工作目标：通过在建筑施工企业及其施工现场推行标准化管理，实现企业市场行为的规范化、安全管理流程的程序化、场容场貌的秩序化和施工现场安全防护的标准化，促进企业建立运转有效的自我保障体系。目标实施分2006年至2008年和2009年至2010年两个阶段。

建筑施工企业的安全生产工作按照《施工企业安全生产评价标准》(JGJ/T 77—2003)及有关规定进行评定。2008年底，建筑施工企业的安全生产工作要全部达到"基本合格"，特、一级企业的"合格"率应达到100%；二级企业的"合格"率应达到70%以上；三级企业及其他施工企业的"合格"率应达到50%以上。2010年底，建筑施工企业的"合格"率应达到100%。

建筑施工企业的施工现场按照《建筑施工安全检查标准》(JGJ 59—99)及有关规定进行评定。2008年底，建筑施工企业的施工现场要全部达到"合格"，特级企业施工现场的"优良"率应达到90%；一级企业施工现场的"优良"率应达到70%；二级企业施工现场的"优良"率应达到50%；三级企业及其他各类企业施工现场的"优良"率应达到30%。2010年底，特级、一级企业施工现场的"优良"率应达到100%；二级企业施工现场的"优良"率应达到80%；三级企业及其他施工企业施工现场的"优良"率应达到60%。

二、工作要求

（一）提高认识，加强领导，积极开展建筑施工安全质量标准化工作

建筑施工安全质量标准化工作是加强建筑施工安全生产工作的一项基础性、长期性的工作，是新形势下安全生产工作方式方法的创新和发展。各地建设行政主管部门要在借鉴以往开展创建文明工地和安全达标活动经验的基础上，督促施工企业在各环节、各岗位建立严格的安全生产责任制，依法规范施工企业市场行为，使安全生产各项法律法规和强制性标准真正落到实处，提升建筑施工企业安全水平。各地要从落实科学发展观和构建和谐社会的高度，充分认识开展建筑施工安全质量标准化工作的重要性，加强组织领导，认真做好安全质量标准化工作的舆论宣传及先进经验的总结和推广等工作，积极推动安全质量标准化工作的开展。

（二）采取有效措施，确保安全质量标准化工作取得实效

各地建设行政主管部门要抓紧制定符合本地区建筑安全生产实际情况的安全质量标准化实施办法，进一步细化工作目标，建立包括有关建设行政主管部门、协会、企业及相关媒体参加的工作指导小组，指导建筑施工企业及其施工现场开展安全质量标准化工作。要改进监管方式，从注重工程实体安全防护的检查，向加强对企业安全自保体系建立和运转情况的检查拓展和深化，促进企业不断查找管理缺陷，堵塞管理漏洞，形成"执行－检查－改进－提高"的封闭循环链，形成制度不断完善、工作不断细化、程序不断优化的持续改进机制，提高施工企业自我防范意识和防范能力，实现建筑施工安全规范化、标准化。

（三）建立激励机制，进一步提高施工企业开展安全质量标准化工作的积极性和主动性

各地建设行政主管部门要建立激励机制，加强监督检查，定期对本地区施工企业开展安全质量标准化工作情况进行通报，对成绩突出的施工企业和施工现场给予表彰，树立一批安全质量标准化"示范工程"，充分发挥典型示范引路的作用，以点带面，带动本地区安全质量标准化工作的全面开展。

建设部将定期对各地开展安全质量标准化的情况进行综合评价，评价结果将作为评价各地安全生产管理状况的重要参考。同时，建设部将定期对各地安全质量标准化"示范工程"进行复查，对安全质量标准化工作业绩突出的地区予以表彰。

（四）坚持"四个结合"，使安全质量标准化工作与安全生产各项工作同步实施、整体推进

一是要与深入贯彻建筑安全法律法规相结合。要通过开展安全质量标准化工作，全面落实《建筑法》、《安全生产法》、《建设工程安全生产管理条例》等法律法规。要建立健全安全生产责任制，健全完善各项规章制度和操作规程，将建筑施工企业的安全质量行为纳入法律化、制度化、标准化管理的轨道。二是要与改善农民工作业、生活环境相结合。牢固树立"以人为本"的理念，将安全质量标准化工作转化为企业和项目管理人员的管理方式和管理行为，逐步改善农民工的生产作业、生活环境，不断增强农民工的安全生产意识。三是要与加大对安全科技创新和安全技术改造的投入相结合，把安全生产真正建立在依靠科技进步的基础之上。要积极推广应用先进的安全科学技术，在施工中积极采用新技术、新设备、新工艺和新材料，逐步淘汰落后的、危及安全的设施、设备和施工技术。四是要与提高农民工职业技能素质相结合。引导企业加强对农民工的安全技术知识培训，提高建筑业从业人员的整体素质，加强对作业人员特别是班组长等业务骨干的培训，通过知识讲座、技术比武、岗位练兵等多种形式，把对从业人员的职业技能、职业素养、行为规范等要求贯穿于标准化的全过程,促使农民工向现代产业工人过渡。

请各地结合实际，认真贯彻本指导意见。

中华人民共和国建设部
二〇〇五年十二月二十二日

关于加强房屋建筑和市政基础设施工程项目施工招标投标行政监督工作的若干意见

建市[2005]208号

各省、自治区建设厅，直辖市建委，江苏省、山东省建管局，新疆生产建设兵团建设局，解放军总后营房部工程管理局，计划单列市建委：

近年来，各地建设行政主管部门以建立统一、开放、竞争、有序的建筑市场为目标，不断深化招标投标体制改革，完善招标投标法律法规，依法履行行政监督职能，健全建设工程交易中心的服务功能，使招标投标工作和建设工程交易中心建设取得了新的进展。为进一步规范房屋建筑和市政基础设施工程项目（以下简称工程项目）的施工招标投标活动，维护市场秩序，保证工程质量，根据《国务院办公厅关于进一步规范招投标活动的若干意见》（国办发[2004]56号）精神，现就加强招标投标行政监督的有关工作提出如下意见。

一、明确招标人自行办理招标事宜的条件和监督程序

依法必须进行招标的工程项目，招标人自行办理施工招标事宜的，应当在发布招标公告或者发出投标邀请书的5日前，向建设行政主管部门备案，以证明其具备以下编制招标文件和组织评标的能力：具有项目法人资格或者法人资格；有从事同类工程招标的经验；有与招标项目规模和复杂程度相适应的工程技术、概（预）算、财务和工程管理等方面的专业技术力量，即招标人应当具有3名以上本单位的中级以上职称的工程技术经济人员，并熟悉和掌握招标投标有关法规，并且至少包括1名在本单位注册的造价工程师。

建设行政主管部门在收到招标人自行办理招标事宜的备案材料后，应当对照标准及时进行核查，发现招标人不具备自行办理招标事宜的条件或者在备案材料中弄虚作假的，应当依法责令其改正，并且要求其委托具有相应资格的工程建设项目招标代理机构（以下简称招标代理机构）代理招标。

二、完善资格审查制度

资格审查分为资格预审和资格后审，一般使用合格制的资格审查方式。

在工程项目的施工招标中，除技术特别复杂或者具有特殊专业技术要求的以外，提倡实行资格后审。实行资格预审的，提倡招标人邀请所有资格预审合格的潜在投标人（以下简称合格申请人）参加投标。

依法必须公开招标的工程项目的施工招标实行资格预审，并且采用经评审的最低投标价法评标的，招标人必须邀请所有合格申请人参加投标，不得对投标人的数量进行限制。

依法必须公开招标的工程项目的施工招标实行资格预审，并且采用综合评估法评标的，当合格申请人数量过多时，一般采用随机抽签的方法，特殊情况也可以采用评分排名的方法选择规定数量的合格申请人参加投标。其中，工程投资额1000万元以上的工程项目，邀请的合格申请人应当不少于9个；工程投资额1000万元以下的工程项目，邀请的合格申请人应当不少于7个。

实行资格后审的，招标文件应当设置专门的章节，明确合格投标人的条件、资格后审的评审标准和评审方法。

实行资格预审的，资格预审文件应当明确合格申请人的条件、资格预审的评审标准和评审方法、合格申请人过多时将采用的选择方法和拟邀请参加投标的合格申请人数量等内容。资格预审文件一经发出，不得擅自更改。确需更改的，应将更改的内容通知所有已经获取资格预审文件的潜在投标人。

对潜在投标人或者投标人的资格审查必须充分体现公开、公平、公正的原则，不得提出高于招标工程实际情况所需要的资质等级要求。资格审查中还应当注重对拟选派的项目经理（建造师）的劳动合同关系、参加社会保险、正在施工和正在承接的工程项目等方面情况的审查。要严格执行项目经理管理规定的要求，一个项目经理（建造师）只宜担任一个施工项目的管理工作，当其负责管理的施工项目临近竣工，并已经向发包人提出竣工验收申请后，方可参加其他工程项目的投标。

三、深化对评标专家和评标活动的管理

各地要不断深化对已经建立的评标专家名册的管理，建立对评标专家的培训教育、定期考核和准入、清出制度。要强化对评标专家的职业道德教育和纪律约束，有组织、有计划地组织培训学习和交流研讨，提高评标专家的综合素质。对不能胜任评标工作或者有不良行为记录的评标专家，应当暂停或者取消其评标专家资格。

工程项目的评标专家应当从建设部或者省、自治区、直辖市建设行政主管部门组建的专家名册内抽取，抽取工作应当在建设工程交易中心内进行，并采取必要的保密措施，参与抽取的所有人员应当在抽取清单上签字。评标委员会中招标人的代表应当具备评标专家的相应条件。

评标工作应当在建设工程交易中心进行，有条件的地方应当建立评标监控系统。评标时间在1天以上的，应当采取必要的隔离措施，隔断评委与外界，尤其是

与投标人的联系。提倡采用电子招标、电子投标和计算机辅助评标等现代化的手段，提高招标投标的效率和评标结果的准确性、公正性。

四、积极推行工程量清单计价方式招标

各地要进一步在国有资金投资的工程项目中推行《建设工程工程量清单计价规范》（以下简称《计价规范》）。工程量清单作为招标文件的重要组成部分，应当本着严格、准确的原则，依据《计价规范》的规定进行编制。

提倡在工程项目的施工招标中设立对投标报价的最高限价，以预防和遏制串通投标和哄抬标价的行为。招标人设定最高限价的，应当在投标截止日3天前公布。

五、探索实行科学、公正、合理的评标方法

各地要深化对经评审的最低投标价法、综合评估法等评标方法的研究，制定更加明确的标准，尤其要突出《计价规范》所要求的技术与经济密切结合的特点。

对于具有通用技术和性能标准的一般工程，当采用经评审的不低于成本的最低投标价法时，提倡对技术部分采用合格制评审的方法。对可能低于成本的投标，评标委员会不仅要审查投标报价是否存在漏项或者缺项，是否符合招标文件规定的要求，还应当从技术和经济相结合的角度，对工程内容是否完整、施工方法是否正确，施工组织和技术措施是否合理、可行，单价和费用的组成、工料机消耗及费用、利润的确定是否合理，主要材料的规格、型号、价格是否合理，有无具有说服力的证明材料等方面进行重点评审。在充分发挥招标投标机制实现社会资源合理分配的同时，要防止恶意的、不理性的"低价抢标"行为，维护正当的竞争秩序。

在推行经评审的最低投标价法的同时，除了要完善与评标程序、评标标准有关的规定外，还应当积极推行工程担保制度的实施，按市场规律建立风险防范机制。国有资金投资的工程项目实行担保的，应当由金融机构或者具有风险防范能力的专业担保机构实施担保。对于以价格低为理由，在合同履行中偷工减料、减少必要的安全施工措施和设施、拖延工期、拖欠农民工工资、降低工程质量标准等行为，要予以公开曝光，依法处理，并记入信用档案。

对于技术复杂的工程项目，可以采用综合评估的方法，但不能任意提高技术部分的评分比重，一般技术部分的分值权重不得高于40%，商务部分的分值权重不得少于60%。

所有的评标标准和方法必须在招标文件中详细载明，招标文件未载明评标的具体标准和方法的，或者评标委员会使用与招标文件规定不一致的评标标准和方法的，评标结果无效，应当依法重新评标或者重新招标。招标文件应当将投标文件存在重大偏差和应当废除投标的情形集中在一起进行表述，并要求表达清晰、含义明确。严禁针对某一投标人的特点，采取"量体裁衣"等手法确定评标的标准和方法，对这类行为应当视为对投标人实行歧视待遇，要按照法律、法规、规章的相关规定予以处理。

六、建立中标候选人的公示制度，加强对确定中标人的管理

各地应当建立中标候选人的公示制度。采用公开招标的，在中标通知书发出前，要将预中标人的情况在该工程项目招标公告发布的同一信息网络和建设工程交易中心予以公示，公示的时间最短应当不少于2个工作日。

确定中标人必须以评标委员会出具的评标报告为依据，严格按照法定的程序，在规定的时间内完成，并向中标人发出中标通知书。对于拖延确定中标人、随意更换中标人、向中标人提出额外要求甚至无正当理由拒不与中标人签署合同的招标人，要依法予以处理。

七、建立和完善各管理机构之间的联动机制，监督合同的全面履行

各地建设行政主管部门应当进一步建立和完善建筑市场与招标投标、资质和资格、工程造价、质量和安全监督等管理机构之间的相互联动机制，相互配合，加强对合同履行的监督管理，及时发现和严厉查处中标后随意更换项目经理（建造师）、转包、违法分包、任意进行合同变更、不合理地增加合同价款、拖延支付工程款、拖延竣工结算等违法、违规和违约行为，促进合同的全面履行，营造诚信经营、忠实履约的市场环境。同时，要建立工程信息和信用档案管理系统，及时、全面地掌握工程项目的进展情况和合同履约情况，对于发现的不良行为和违法行为，要及时予以查处，并计入相应责任单位和责任人的信用档案，向社会公布。

八、加强对招标代理机构的管理，维护招标代理市场秩序

招标代理机构必须遵循《民法通则》和《合同法》的规定，订立工程招标代理合同，严格履行民事代理责任。招标代理服务费原则上向招标人收取。

各地建设行政主管部门要在严格招标代理机构资格市场准入的基础上，加强对招标代理机构承接业务后的行为管理，重点是代理合同的签订、代理项目专职人员的落实、在代理过程中签字、盖章手续的履行等。应当尽快建立和实施对招标代理机构及其专职人员的清出制度，严厉打击挂靠，出让代理资格，通过采用虚假招标、串通投标等违法方式操纵招标结果，违反规定将代理服务费转嫁给投标人或者中标人，以及以赢利为目的的高价出售资格预审文件和招标文件等行为。对上述行为，经查证核实的，除依法对招标代理机构进行处理外，还应当将负有直接和相关责任的专职人员清出招标代理机构。

政策法规
Zheng Ce Fa Gui

各地工程招标投标行政监督机构和建设工程招标投标行业社团组织应当建立对招标代理机构专职人员的继续教育制度，通过不断的培训教育，提高其业务水平、综合素质和工程招标代理的服务质量。

各地建设行政主管部门要积极推动工程招标投标行业社团组织的建设，充分发挥行业社团组织的特点和优势，建立和完善工程招标投标行业自律机制，包括行业技术规范、行业行为准则以及行业创建活动等，规范和约束工程招标代理机构的行为，维护工程招标投标活动的秩序。

九、继续推进建设工程交易中心的建设与管理，充分发挥建设工程交易中心的作用

建设工程交易中心是经省级以上建设行政主管部门批准设立，为工程项目的交易活动提供服务的特殊场所，应当为非营利性质的事业单位。各地建设行政主管部门要全面贯彻落实《国务院办公厅转发建设部、国家计委、监察部关于健全和规范有形建筑市场若干意见的通知》（国办发[2002]21号）要求，加强对建设工程交易中心的管理，继续做好与纪检监察及其他有关部门的协调工作，强化对建设工程交易中心的监督、指导和考核，及时研究、解决实际工作中遇到的困难和问题，完善服务设施，规范服务行为，提高服务质量。

建设工程交易中心要在充分发挥现有服务功能的基础上，积极拓展服务范围、服务内容和服务领域，为工程项目的交易活动提供全面、规范和高效的服务。当前要重点做好以下两个方面的工作：一是为全国建筑市场与工程项目招标投标的信用体系建设提供信息网络平台，为建筑市场参与各方提供真实、准确、便捷的信用状况服务，为营造诚实守信、失信必惩的建筑市场环境，提高整个行业的信用水平，推进建设领域诚信建设创造条件。各地可以以项目经理（建造师）的联网管理作为试点，取得经验后逐步向其他方面拓展。二是建立档案管理制度，加强对工程项目交易档案的管理，及时收集和整理建设工程交易活动中产生的各类文字、音像、图片资料和原始记录，并妥善保存档案资料。

十、切实加强工程项目施工招标投标活动的监督管理

各地建设行政主管部门要切实加强对工程项目施工招标投标活动的监督管理工作，依法履行好行政监督职能。

对于招标投标活动中的各个重要环节，应当通过完善方式、明确重点来实施有效的监督。在监督的对象上，要以国有资金投资的工程项目为重点，对非国有资金投资的工程项目的施工招标投标活动，可以转变方式，突出重点；在监督的主体上，要以招标人、招标代理机构和评标委员会为重点；在监督的方法上，除了全过程监督外，要进一步创新方法，将有针对性的过程监督和随机监督有机地结合起来，提高行政监督的效率和权威。同时，要注意发挥建设工程交易中心的作用，相互配合，形成合力，共同推进招标投标工作水平的提高。

要按照国家七部委颁发的《工程建设项目招标投标活动投诉处理办法》的要求，进一步加强招标投标活动中的投诉处理工作，建立和完善公正、高效的投诉处理机制，及时受理和妥善处理投诉，查处投诉处理中发现的违法行为。

招标投标监督管理机构是受建设行政主管部门委托，依法对工程项目的招标投标活动实施监督的职能机构，各地要积极、认真地解决好工程招标投标监督管理机构的编制、人员和经费等问题，为工程项目招标投标的监督提供保障，同时要加强工程招标投标监督管理机构的廉政建设和所属工作人员的教育和培训，提高依法监督和依法行政的水平。

中华人民共和国建设部
二〇〇五年十月十日

热点解答
Re Dian Jie Da

1. 第二次全国一级建造师考试时间是何时？

根据《关于推迟2005年度一级建造师资格考试有关问题的通知》(国人厅发[2005]69号) 精神，经协商，2005年度一级建造师资格考试时间确定为2006年4月15日、16日举行。此次成绩和首次考试成绩形成滚动，即首次参加四门科目考试的人员，如果有部分科目没有通过，则只要在第二次考试时通过，同样可以取得一级建造师执业资格证书。另外，原定于2006年9月16日、17日举行的2006年度一级建造师资格考试因故推迟，具体时间另行通知。

2. 取得建造师执业资格后将获得什么样的证书？

参加全国一级建造师执业资格考试，并通过相应科目，可以获得由人事部和建设部联合用印的执业资格证书。

3. 取得建造师执业资格后，是否就可以以建造师名义执业？

取得建造师执业资格后，需要以建造师名义执业的人员还需要根据相关规定进行注册，只有取得注册证书后方可以注册建造师的名义执业。未经注册的，不得以注册建造师的名义从事相关活动。目前建设部正会同有关行业部委、行业协会和中央企业制定相关规定。

4. 对应于企业的资质的是取得建造师执业资格证书的专业人士，还是必须取得注册建造师证书的专业人士？

建筑业企业项目经理资质管理制度向建造师执业资格制度过渡期内，企业申办资质和资质年检时，凡涉及考核项目经理人数的资质标准，应将取得项目经理资质证书、建造师注册证书和企业聘用的项目经理的人数合并计算：一级建造师对应一级项目经理，二级建造师对应二级项目经理，企业聘用的项目经理对应三级项目经理。也就是说，取得建造师执业资格证书不是计算企业符合资质的项目经理人数的依据，而应该是通过注册并取得注册建造师证书才可合并计算。

5. 如果原来拥有一级项目经理证书，现在又取得一级建造师执业资格并注册为注册建造师的，原一级项目经理证书是否有效？

建筑业企业项目经理资质管理制度向建造师执业资格制度过渡的时间定为五年，即从国发〔2003〕5号文印发之日起至2008年2月27日止。在过渡期内，原项目经理资质证书继续有效。对于具有建筑业企业项目经理资质证书的人员，在取得建造师注册证书后，其项目经理资质证书应缴回原发证机关。过渡期满后，项目经理资质证书停止使用。也就是说取得注册建造师证书的原一级项目经理的项目经理证书不再有效。

6. 取得注册建造师证书的人员是否就是项目经理？

取得注册建造师证书后，可以以注册建造师的的名义：(一) 担任建设工程项目施工的项目经理；(二) 从事其他施工活动的管理工作；(三) 法律、行政法规或国务院建设行政主管部门规定的其他业务。具体从事何种工作是企业和本人自己的选择，也就是说一个企业将来拥有的注册建造师人数应该远超过现在拥有的相应级别的项目经理人数，因为只有这样企业才可能根据企业的需求充分地选择人才作为项目经理，也可以选派注册建造师从事相关施工管理工作。

信息之窗

中央经济工作会议提出2006年八项主要任务

2005年11月29日至12月1日，中共中央、国务院召开的中央经济工作会议在北京举行。胡锦涛在会上全面分析了当前的国际国内形势，全面总结了今年的经济工作，深入分析了"十五"时期经济社会发展工作的成就及取得的重要认识和经验，明确提出了明年经济工作的指导思想、总体要求和主要任务。同时，温家宝在讲话中着重全面分析了当前我国经济形势，阐述了明年经济社会发展主要预期目标和需要解决的重点问题，具体部署了明年的经济工作。

会议还提出了明年经济工作的八项主要任务：一、稳定宏观经济政策，保持经济平稳较快增长的良好势头；二、扎实推进社会主义新农村建设，进一步做好"三农"工作；三、全面增强自主创新能力，不断推进产业结构调整；四、大力节约能源资源，加快建设资源节约型、环境友好型社会；五、继续推动东中西良性互动，促进区域经济协调发展；六、加快推进体制改革，完善落实科学发展观的体制保障；七、积极实施互利共赢的开放战略，进一步提高对外开放水平；八、着力解决人民群众最关心、最直接、最现实的利益问题，推动和谐社会建设。

全国建设工作会议2005年12月26日在南京召开

2005年12月26日，全国建设工作会议在古城南京召开。国务院副总理曾培炎向大会发来贺信，建设部部长汪光焘在会上作题为《全面落实科学发展观，实现城乡建设持续健康发展》的工作报告，江苏省省委副书记、省长梁保华，南京市委副书记蒋宏坤到会致辞，建设部副部长仇保兴、黄卫等领导参加会议。会议由建设部副部长刘志峰主持。

2005年建设系统改革与发展取得新进展。

第一，房地产市场调控初见成效；第二，城乡规划综合调控作用进一步发挥；第三，城乡人居环境进一步改善；第四，建筑市场秩序、城市综合防灾和工程安全形势进一步好转；第五，标准规范引导和科技带动作用明显增强；第六，法制建设和依法行政工作得到加强；第七，促进了建设领域维护社会稳定工作；第八，党的建设、精神文明建设和人才建设工作呈现新局面。

汪光焘部长说，上述成绩的取得，是认真贯彻落实党中央、国务院正确决策的结果，是有关部门协作、支持的结果，是建设系统广大干部职工在各级地方党委、政府领导下辛勤工作、共同努力的结果。我们在做好今年及"十五"期间的主要工作中有以下四点体会：

一是必须在思想上行动上与中央保持高度一致，坚决维护中央政策的统一性、权威性。

二是必须牢固树立和全面落实科学发展观，坚持一切从实际出发，因地制宜，创造性落实中央决策部署。

三是必须坚持深化改革，创新体制机制，认真解决发展中的突出矛盾和问题，切实维护广大人民群众的切身利益。

四是必须树立依法行政理念，不断提高依法行政能力，建设法治政府。

切实做好2006年建设工作。

首先，要继续贯彻中央宏观调控政策措施，保持房地产、建筑市场和市政公用事业健康发展。第二，要充分发挥城乡规划的综合性、全局性和战略性作用，促进城镇化健康发展。第三，要贯彻"工业反哺农业、城市支持农村"的方针，做好建设社会主义新农村相关工作。第四，按照建设资源节约型、环境友好型社会的要求，转变城镇发展模式。第五，完善住房政策，改善城乡居民的居住条件。第六，推进行政管理机制创新，完善建设事业改革与发展的制度保障。

最后，汪光焘部长还就《建设事业"十一五"规划纲要（讨论稿）》做了说明。

建设部将简化企业资质证书变更和增补程序

建设部年前发出通知，将简化原属于部批范围的工程勘察、设计、建筑业、监理企业及招标代理机构（以下简称建设工程企业）资质证书的变更和增补程序，以进一步贯彻落实《行政许可法》。

根据通知，除企业名称、资质证书编号两项变更需经企业工商注册所在地省级建设行政主管部门审核后报建设部外，其他变更事项均由企业工商注册所在地省级建设行政主管部门办理，建设部不再办理。建设工程企业资质证书的增补，包括证书副本增加、更换、遗失补办，均由建设部办理。工程勘察、设计、监理企业和招标代理机构资质证书一正四副，施工企业资质证书一正六副。

在办理程序和时限上，企业需按照《建设工程企业资质证书变更审核表》、《建设工程企业资质证书增补审核表》格式填写变更和增补申请，加盖单位公章后，向企业工商注册所在地省级建设行政主管部门申报，并提供相关材料。建设工程企业申请变更企业名称和资质证书编号的，由企业工商注册所在地省级建设行政主管部门对建设工程企业资质证书变更和增补

信息之窗
Xin Xi Zhi Chuang

审核表及相关材料进行审核，审核合格并签署审核意见后，将变更和增补审核表及相关材料报送建设部。由省级建设行政主管部门直接办理的变更，随时受理，两个工作日内办结，并在办结完毕15日内向建设部备案。办理结果在建设部网站上公布。

该通知从2006年1月1日执行。

《中国建筑业改革与发展研究报告（2005）》发布会在京召开

2005年10月23～24日，"《中国建筑业改革与发展研究报告（2005）》（以下简称《报告》）发布会暨高层论坛"在京召开。

为加强对建筑业改革与发展的理论与实践的研究，向企业提供相关信息和经验，由建设部副部长黄卫任编委会主任，金德钧、王铁宏、王素卿、徐义屏、陈淮、徐波任副主任，建设部工程质量安全监督与行业发展司会同政策研究中心组织业内研究机构、企业、高校专家共同编写了这一《报告》。《报告》回顾分析了近年来建筑业改革发展的形势，反映了行业改革发展的最新动向，进行了勘察设计行业、建筑业企业国内外的比较，探索了企业改革发展、政府职能转变和加强建筑市场监管的思路。本《报告》由中国建筑工业出版社出版发行。

国务院发布《国家突发公共事件总体应急预案》

据新华社报道，国务院2006年1月8日发布《国家突发公共事件总体应急预案》(以下简称总体预案)。总体预案共6章，分别为总则、组织体系、运行机制、应急保障、监督管理和附则。

总体预案是全国应急预案体系的总纲，明确了各类突发公共事件分级分类和预案框架体系，规定了国务院应对特别重大突发公共事件的组织体系、工作机制等内容，是指导预防和处置各类突发公共事件的规范性文件。

编制总体预案的目的是为了提高政府保障公共安全和处置突发公共事件的能力，最大程度地预防和减少突发公共事件及其造成的损害，保障公众的生命财产安全，维护国家安全和社会稳定，促进经济社会全面、协调、可持续发展。在总体预案中，明确提出了应对各类突发公共事件的六条工作原则：以人为本，减少危害；居安思危，预防为主；统一领导，分级负责；依法规范，加强管理；快速反应，协同应对；依靠科技，提高素质。

据了解，国务院各有关部门已编制了国家专项预案和部门预案；全国各省、自治区、直辖市的省级突发公共事件总体应急预案均已编制完成；各地还结合实际编制了专项应急预案和保障预案；许多市（地）、县（市）以及企事业单位也制定了应急预案。至此，全国应急预案框架体系初步形成。

建设部安监总局启动约谈机制

针对部分地区施工伤亡事故多发的情况，建设部、国家安全监管总局启动约谈机制，2005年11月24日组织了第一次部长约谈会议。建设部副部长黄卫出席会议并讲话。

针对部分地区施工伤亡事故多发的情况，建设部、国家安全监管总局的新制度，旨在控制施工伤亡事故多发势头，以部长约谈的形式，监督检查地方建设行政主管部门主要负责人安全生产工作履职尽责情况，督促抓好安全生产工作，吸取事故教训，落实整改措施。此次参加约谈会的有江苏省、广东省、辽宁省、河南省、四川省、哈尔滨市、徐州市、广州市、沈阳市、成都市建设行政主管部门分管安全工作的主要负责人。这五省五市都是今年以来重大伤亡事故较多的地方，会上他们都针对事故做了认真的分析和检查，总结教训，提出了今后加强安全生产监督管理的具体措施。

建筑安全事故暴露企业在安全生产方面四大问题

国务院国有资产监督管理委员会副主任王瑞祥日前指出，建筑施工安全事故接连发生，主要暴露了建筑企业在安全生产方面存在的四大问题。

王瑞祥指出，建筑施工安全事故接连发生，充分暴露出安全生产方面存在着一些不容忽视的问题：一是"安全第一，预防为主"的观念还比较淡薄；二是对安全生产法等法律法规贯彻执行还不够得力，有的责任没有真正落实，措施没有真正到位；三是在企业经营规模扩大和建筑施工市场竞争激烈的情况下，安全管理制度执行不严，管理粗放；四是一线操作人员安全知识、安全意识和防护技能较差。

2006：建筑工程招标投标注目"七大热点"

2005年12月15日～16日，中国土木工程学会建筑市场与招标投标分会第四届理事会第一次会议在武汉召开。会上，建设部建筑市场管理司副司长王宁围绕2006年招标投标工作的重点，针对招标投标中的难点、热点问题，点出以下7个题目，要求各地大力开展调查研究，勇于创新，扎实探索，尽快"破题"，以提高招标投标工作的水平。

1.合理低价中标如何操作？ 2.如何对政府投资工程与非政府投资工程的招标投标采取不同的管理方式？ 3.如何研究实行更加科学、合理、统一的评标办法？

信息之窗
Xin Xi Zhi Chuang

4.如何利用计算机技术，实行电子评标和网络评标？5.如何把建立诚信体系、推行工程担保制度与工程招标投标体系紧密地接合起来？6.如何对中标的项目经理进行跟踪管理？7.如何进一步管好招标投标代理机构？

建设部实施《建设系统六项办事公开制度（试行）》

为认真贯彻"三个代表"重要思想和党的十六大精神，进一步推进建设系统物质文明建设、政治文明建设和精神文明建设，建设部决定在建设系统实施六项办事公开制度（试行）。

建设系统六项办事公开制度（试行）如下：一、城市规划办事公开制度；二、企业资质管理办事公开制度；三、城市市政公用行业办事公开制度；四、房地产交易与房屋权属登记办事公开制度；五、住房公积金办事公开制度；六、城市房屋拆迁办事公开制度。

建筑节能将有三个"大动作"

2005年11月4日在京举行的城市建设可持续发展论坛上，建设部科技司副司长武涌透露了下一步建筑节能工作任务和工作重点：建设部近期将主要抓好建筑节能专项检查、将节能专项规定列入正在修订的《建筑法》、出台建筑节能经济激励政策等三件大事。

各地建筑节能标准实际执行情况的最新调研结果显示：目前北方地区设计阶段节能达标率为80%，施工阶段实际达到节能标准的只有60%。过渡地区两个阶段的数字分别是20%和10%，南方地区则只有10%和8%左右。

在建筑节能专项检查中要充分体现"三个一批"，即针对地方建筑节能主管部门和相关设计、施工、监理单位，要表扬一批，通报批评一批，处理一批。节能方面存在的问题，发现一个处理一个，对节能不达标的企业动用建设部最高行政手段，即撤销或降低企业资质。

国家启动七大节能工程 建筑节能明确实现目标

日前，由新华社受权全文播发的《国务院关于做好建设节约型社会近期重点工作的通知》提出，2005年启动节约和替代石油、热电联产、余热利用、建筑节能、政府机构节能、绿色照明、节能监测和技术服务体系建设等7项工程。其中建筑节能方面，明确了"十一五"期间的具体要求。

根据国家要求，新建建筑必须严格执行建筑节能设计标准(规范)；结合城市改造，开展既有居住和公共建筑节能改造；进行节能型建筑示范（试点）；开展新型节能墙体材料的生产和推广。"十一五"期间，实现住宅建筑和公共建筑严格执行节能50%的标准，加快供热体制改革，加大建筑节能技术和产品的推广力度，分别节能5000万吨标准煤。

算算建造业"十一五"基本账

对建造师和项目经理来说，"十一五"规划是他们迫切需要了解的"基本账"，因为在这张国家建设的蓝图里，不仅标注着国民经济发展的远景目标和高层的决策方向，还包含着全国重点建设工程和城市建设项目的含量和分布。在建筑行业的这个"风向标"面前，各地与建筑业有关的"五年规划"是个什么模样？

北京："奥运优先"拉动建造新机遇

上海："一城九镇"催生建造新模式

天津："北方浦东"激活建造新思维

西安："复兴古都"拉开建造新帷幕

无锡："滨湖城市"提升建造新品位

北京2008年奥运会场馆建设备忘录

2003年12月24日，2008年北京奥运会主会场——国家体育场在京破土动工；国家游泳中心开工。

2004年5月25日，第29届奥运会青岛国际帆船中心开工奠基仪式在北海船厂原址举行。7月13日，北京射击馆正式开工建设。10月30日，北京奥运会自行车馆正式开工建设。

2005年3月29日，作为北京2008年奥运会篮球比赛场馆的北京五棵松体育馆正式开工建设。4月28日，位于北京奥林匹克公园中心区内的国家会议中心项目正式开工建设。5月28日，在奥运期间用于主要承担体操（不含艺术体操）和手球比赛项目的国家体育馆正式开工。6月19日，数字北京大厦开工奠基。6月26日，北京2008年奥运会奥运村项目开工奠基。6月28日，位于中国农业大学东校区的第29届奥运会摔跤比赛馆奠基。6月30日，整个奥林匹克公园的重点配套建设项目之一——奥林匹克森林公园奠基。6月30日，位于北京工业大学东南区的北京2008奥运羽毛球、艺术体操比赛馆（北京工业大学体育馆）正式开工。7月28日，丰台垒球场改扩建工程正式开工。

姚兵指出 全面推行12319服务热线各项工作

全国建设系统12319服务热线暨创建文明城市座谈会2005年11月9~10日在上海召开，来自全国15个城市的30多位代表出席了会议。建设部党组成员、中央纪委驻

信息之窗
Xin Xi Zhi Chuang

建设部纪检组组长姚兵出席会议并讲话。中央文明办有关同志也应邀出席了会议。

姚兵在会上指出：从1996年发展至今，12319服务热线经过了孕育、试点和推广几个阶段，现在已经进入了新的起点。他要求全国各城市建设主管部门一定要以科学发展观为统领，把全面推行12319服务热线的各项工作，和创建文明城市结合在一起，狠抓实干，抓出实效。

姚兵强调，城市12319服务热线加上城市数字化管理模式等于中国特色的现代城市城建服务管理模式的完整和创新。要提高12319服务热线新水平，要从共产党执政使命——构建社会主义和谐社会这个目标出发，共同努力探索12319建设服务热线的整套机制，使热线真正成为党和人民的"连心桥"，成为反映社情民意的"晴雨表"，成为市民群众监督人民公仆的"探照灯"。

建设部将在2006年开展对12319服务热线创建工作的大检查。除此之外，还要建立12319服务热线的专家队伍、树立先进典型。同时，他强调，一定要充分发挥舆论监督的作用，争取尽快把12319服务热线的工作水平再上一个台阶，辐射更多城市。

2005"中国承包商和工程设计企业双60强"2006年1月11日揭榜

中国顶尖承包商、工程设计企业的百余位高层代表于1月11日云集北京，参加由中国《建筑时报》和美国《工程新闻记录》(《Engineering News-Record》简称《ENR》)杂志联手推出的2005"中国承包商和工程设计企业双60强"排名揭晓暨新闻发布会。

天津为项目经理办"电子身份"

天津建筑行业的每位项目经理都拥有一张IC卡，作为"电子身份证"，它对项目经理的基本身份、招投标交易、施工现场质量、安全和文明施工行为以及良好业绩及违法违规不良记录等实行全方位的信息化管理。

据悉，该市启动的项目经理IC卡详细记录了项目经理的基本信息。这些信息一旦发生变化，本人应及时持项目经理资质证书和IC卡向市建设部门申请变更。今后，施工企业在参加工程投标时，须同时持资质证书及项目经理IC卡进行投标。招投标监管部门对中标的项目经理在IC卡上进行投标资格锁定；工程竣工后方可解除，恢复其投标资格。

与此同时，天津市建筑市场执法监察、质量监督、安全监督等部门将通过这张IC卡对项目经理在施工现场的质量、安全、文明施工等各类行为利用手持POS机予以记录，并作为项目经理资质年检、强制培训、限制执业以及取消执业资格的依据。

建筑业四大领域人才十年内年均缺口将达百万

日前，记者从建设部举办的"实施职业院校建设行业技能容纳紧缺人才培养培训工程培训班"上了解到，建筑业技能人才短缺突出表现在建筑施工（含市政施工）、建筑装饰、建筑设备和建筑智能化四个专业领域，未来10年年均缺口将达百万以上。

建筑业从业人员中约78%分布在建筑施工企业和市政工程施工企业，总数在3036万人以上。建筑装饰行业的从业人员已达850万人，其中一线操作人员80%以上是农民工。建筑设备安装领域从业人员已超过443万人，占建筑业从业人员的11%。近年来我国建筑智能化飞速发展，从业人员近100万人，其中90%以上从事建筑智能化设施的安装、调试、运行与维修工作。

建造师考试培训辅导

建造师资格考试制度执行以来，许多考生由于工作地点及时间的原因，无法参加集中的面授辅导，为使广大考生能够得到及时有效的辅导，东北财经大学网络教育学院联合有关单位，举办一级、二级建造师考前网络辅导班，由著名教授丁士昭、何佰洲、杨青、郝亚民主讲课程，帮助建造师执业资格考试应考人员了解和学习考试大纲内容，网站配有练习题、综合题供广大学员学习交流，另设有咨询电话、电子邮件、bbs论坛及资深辅导教师为学生答疑解惑。

咨询热线：0411-84738880
网址：training.edufe.com.cn
信箱：training@edufe.com.cn

学习卡购买：
1、全国各建筑书店
2、各地代售机构
3、网上书店www.china-abp.com.cn

驾驭"鸟巢"

记一级建造师、国家体育场工程总承包部经理谭晓春

◆于跃民

中国人实现百年奥运梦想的历史机遇，把谭晓春与"鸟巢"紧紧地联系在一起。"鸟巢"作为北京2008年奥运会的开、闭幕式主会场和田径、足球项目的比赛场地，而成为世人瞩目、国人关注的工程，同时，"鸟巢"又因其造型上的独特、施工技术上的复杂性成为当今中国最具影响力、挑战力的建筑工程项目。北京城建集团作为"鸟巢"工程项目的总承包单位，又把实现国人奥运梦想、挑战拥有多项世界级施工技术难题的历史重担压在了谭晓春的肩上，让他出任"鸟巢"工程总承包部经理。

作为全国第一批取得一级建造师执业资格的谭晓春，作为工程项目经理在中关村西区地下综合管廊及空间开发工程、北京会议中心、小汤山抗击"非典"医院等重点和急难险重工程中创造了辉煌业绩。2003年10月，谭晓春担任了北京城建集团国家体育场工程总承包部经理兼党委书记，两年多时光，谭晓春迎难而上，以卓有成效的工作，开创了国家体育场工程建设良好局面。

以高超的驾驭能力，创造了"鸟巢"速度

国家体育场工程是城建集团有史以来承建的最具影响力、挑战力、施工难度最大、科技含量最高的大型公建项目。2003年11月正式进场后，谭晓春带领总承包部全体同志，克服资金、人员、现场拆迁不到位等诸多困难，积极创造条件，仅用半个月时间就高质量完成了各种前期拆迁、渣土清运、伐移树木、场地平整、搭设围挡、完善临电临水和临时道路系统和开工典礼等各种准备工作，打响了奥运工程建设的第一炮，受到了奥组委等上级领导的高度评价，为集团赢得了荣誉。在基础桩施工阶段，针对桩基工程量大、设计滞后、标准要求高、冬施难度大、因优化设计造成停工等诸多不利因素。谭晓春同志提出了"排满时间、占满空间"的工作思路，坚持科学组织，合理调配资源，于2005年春节前实现了桩基施工提前告捷目标，经监理验收，所有基础桩全部达到设计规范要求，其中一类桩达到97%，二类桩仅3%，无三类、四类桩。设计、监理称赞"他们遇见施工质量最好的桩基工程"。进入基础结构施工阶段后，谭晓春同志结合施工特点，注意发挥城建协同作战能力强、善打硬仗的优势，提出了"变小流水段浇筑作业为大流水段作业"，在三个参施单位中组织开展了"百日会战"劳动竞赛活动，于11月15日胜利实现混凝土结构提前封顶，创造了仅用5个多月时间，一举完成总建筑面积20.3万m^2，包括124根钢管柱、112根Y型柱、228根斜梁、500多根斜柱等在内结构极其复杂、施工难度罕见的主体结构施工新纪录，实现了市08办确定的"11.15"结构封顶里程碑计划目标，市08办领导高度赞誉：城建集团在奥运工程建设中创造了"鸟巢速度"、"鸟巢精神"。钢结构加工制作与安装是整个国家体育场工程中施工难度最大、技术含量最高、挑战性最强的项目，为尽快落实所需资源，谭晓春同志针对钢结构工程特点，提出了"混凝土结构施工与落实钢结构施工资源两条战线同步展开"的工作思路，并亲自参与方案制定讨论、标准研讨、协调各种矛盾和问题，赴钢厂落实各种资源，组建钢结构分部等工作，保证了钢结构工程各项准备工作的有序推进，10月28日，国家体育场首件钢结构桁架顺利吊装，提前实现了市08办确定的年内国家体育场钢结构开始吊装的里程碑计划目标。

敢于挑战世界级技术难题，落实科技奥运取得显著成绩

针对国家体育场工程设计的复杂性、挑战性，建造上的世界难题，谭晓春组织并调动包括科研单位在内的各种社会资源，制定科研规划，联合中国建筑设计研究院、冶金建筑设计研究院、中国建筑科学研究院、清华大学、同济大学以及中外钢结构厂家、模板厂家等，开展了超长超厚及大体积混凝土结构构件防裂技术、清水混凝土结构施工与研究、大型复杂钢构件安装与吊运技术研究、双斜柱综合施工技术研究等为主题的科研公关项目。参与研发科技部2004年科技攻关项目《国家体育场设计与施工关键技术研究》，现已完成项目建议书及可行性研究报告，争取国家科研经费150万元。完成了北京市建委科技立项项目《国家体育场工程综合技术

施工中的国家体育场　　　　　　　摄影：欧阳东

的研究与应用》的申报及合同签订工作，已争取到北京市科委120万元的科研经费，据此分解出若干子课题，成立六个攻关小组，已开展灌注桩基础施工技术研究与应用、大体积超长结构混凝土裂缝控制技术研究、清水混凝土施工技术研究、大型体育场工程测量控制技术、超高矩形钢管永久模板钢筋混凝土斜（扭）柱施工工艺、高大空间综合支撑架体研究与应用等6项子课题展开了研究，其中，5项课题已经进入总结阶段，1项正在实验过程中。2005年以来，总承包部还结合工程施工特点和技术难点，组织撰写科技论文16篇，有3篇在2005年中国模板协会年会上发表，还获得1项实用新型专利的授权，完成1项发明专利和1项实用新型专利的申报受理工作。完成了2005年集团优秀模板设计方案现场观摩和优秀模板申报工作。完成了《矩形钢管永久模板钢筋混凝土斜（扭）柱施工工艺》企业标准的制定。

积极倡导"三到位"工作法，形成行之有效的管理工作运行机制

国家体育场工程是奥运建设项目中最具影响力、挑战力、施工难度最大、科技含量和环保要求最高的大型共建项目。针对奥运工程的特殊标准和要求，从进场之日起，谭晓春同志围绕落实"绿色奥运"理念，提出了"三到位"工作法，即组织建设到位、制度保证到位、措施责任到位。并要求，把创建绿色工程、强化环保措施作为工作重点。在组织体系方面，总包部成立以经理为第一责任人的环保工作领导小组，总承包部和各分部都设立专职环保员，在作业层设立绿色环保监督员和场容清扫员的三级组织责任体制；在制度建设上，按照"奥运工程绿色指南"要求，坚持把高起点、高标准、抓规范、严要求作为加强管理的重要环节。在较短时间内，在总承包部内建立健全了12个组织领导体系，制定出台了110多个管理文件，其中涉及环保工作的占40%多，形成了体系完整、责任明确、程序规范的管理制度体系。如在施工组织设计中把环境保护工作作为重点章节编写，制定了环境保护工作管理方案和环境保护工作管理体系，明确岗位职责，制定了考核及奖惩办法；在责任落实的实施过程中，建立和推行了在第一时间、第一现场、第一责任人负总责的解决实际问题的效能机制。并结合开展劳动竞赛活动，进一步完善激励和处罚机制，使环保工作形成了上下互动、责任清晰、目标明确的有效联动体制。

"三到位"工作法的推行，不仅实现了国家体育场工程自开工以来生产无事故、治安无违法，无案件，消防无火灾，环保无污染的良好局面，而且使国家体育场工程成为第一个通过质量、环保、职业健康安全体系贯标认证的奥运工程项目；投资近百万元建立并开通了国家体育场工程总承包部管理信息平台局域网络，率先实现了网上办公和网络信息交流，安装了电子安全监控系统；成为本市建筑业惟一入选"首都平安示范单位"的建筑施工企业和建筑工地；被市环保局评为措施落实到位，抑制扬尘得力的本市最干净的建筑工地。

抓细节、重治理，实现了抑尘限噪管理的良性循环

施工扬尘、作业噪声、废水、废气、废物排放已是建筑工地长期以来难以根治的污染顽症。如何在奥运工程施工过程中实现了抑尘限噪管理工作的良性循环，谭晓春的"绝招"，就是抓细节、重治理。施工扬尘是建筑工地造成环境污染的"第一杀手"，为有效遏制施工扬尘，谭晓春经过观察研究，提出了"一盖、二化、三洒"的工作思路。"一盖"就是对施工现场采取封闭覆盖，自工程开工以来，总包部投资80多万元，使用防尘网将裸露的30000多平方米土地面全部覆盖。对进入施工现场的砂子、水泥、膨润土等材料要求全部采取封闭覆盖措施，对土方运输车辆一律实行加盖封闭，确保运输过程中无道路遗洒。同时，大力推广试用国际先进的无污染抑尘剂，实现施工过程不超标的环保目标。"二化"就是对道路、场地进行硬化和绿化，为有效控制施工现场车辆行驶和作业场地的扬尘，对场区行车道路和作业加工场地采取了固化硬化措施，仅新修沥青混

凝土路面就有2000多延米，折合25200m²，并在现场用小方砖修建了总面积达6049m²的两个停车场。同时，为营造绿色环境，美化工地，创造舒适的工作氛围，对施工现场南侧道路两侧和生活区进行了绿化，种花植草，并投资近十万元在工地东南门修建了迎宾绿色花坛；"三洒"就是对场内道路安排专人及时清扫和洒水车定期洒水，在车辆进出大门处安装二级沉淀洗车平台，对施工车辆进行环保检查和清洗，为节约水资源，洒水车和洗车用水，一律采用降水井排出的水，仅此一项每月可节约自来水近百吨。由于抑尘措施有效，工程自开工以来，没有发生一起扬尘污染事件，保证了市奥体中心空气质量监测站的监测指标，始终在北京市各空气质量监测点名列前茅。2005年5月27日，市环保局通过扬尘评测，首度对措施落实到位，抑制扬尘得力的国家体育场等12个工地向社会进行了通报表扬。

为有效控制施工作业噪声和严把废水、废气、废物排放，谭晓春同志按照"绿色奥运"和ISO14001国际标准及集团管理体系要求，坚持把堵源头、重治理、强化管理作为加强环境保护工作的重点，始终贯穿于施工生产的全过程和各个环节。为治理废气、废物污染，总承包部坚持对对进场施工的车辆和机械一律进行环保尾气检查，不合格车辆不准进场使用。对生活区6个食堂的下水道全部安装了隔油池和静电油烟净化器。对现场施工和生活垃圾采取分类封闭堆放管理，定时清运，对电池、废旧墨盒等有害垃圾实行单独存放。这些措施有效地保证了整个施工现场的环保工作始终处于良好的运行和控制状态，国家和北京市领导同志、国际奥委会环保官员、国家和北京市环保部门等有关领导多次考察、检查国家体育场工地环保工作，对国家体育场工程总承包部的工作给予很高评价。

"鸟巢"效果图

倡导先进理念，积极构筑复合型学习团队

在抓好生产经营活动的同时，谭晓春同志十分重视总包部管理人员的团队建设，他亲自提出了"精英、精心、精品"的总承包部团队理念，在广大职工中大力倡导"精英、精心、精品"团队理念，广泛开展了树立集团意识，争创学习型团队活动。在他的提议下总承包部开办了职工英语培训班和管理信息平台培训班，大大强化了全体员工学习进取、争创一流的团队意识。在总包部开展的全员轮训主题教育活动中，他亲自进行轮训动员，讲意义、提要求，为职工上课，确保了轮训工作的开展。2004年8月27日，与国家体育场毗邻的国家游泳中心工地突遭局地旋风的袭击。面对兄弟单位遭受突如其来的重大灾害，国家体育场总承包部义无返顾地向兄弟单位伸出了援助之手，迅速组织人员、设备投入抢险。副市长刘敬民高度赞扬了城建职工关键时刻顾全大局，舍己救人的高尚品德，市建委向全市建设系统发出了通报表彰决定。

编后：本栏目现面向全国一级建造师及重大在建工程负责人征集《建造师风采》文稿。我们将根据主人公的业绩和专业水平来选用文章，旨在宣传我国优秀建造师，激励和引导其他建造师执业。文章要求反映建造师的工程业绩、专业素质，突出其工程实践中取得的技术、管理、经济、法律等方面的成就。来稿最好附上主人公的工程照片。

这是企业宣传员工的好机会，也是建造师们展现自己的一个好平台，行动吧！

"建造师俱乐部"会员优先展示！

建造师风采
Jian Zao Shi Feng Cai

锐意进取　争做表率

记一级建造师，中国交通建设集团公路一局总经济师陆建忠

陆建忠1983年7月毕业于西安公路学院，1995年4月获天津大学工商管理硕士学位，2003年9月入读清华大学土木水利学院"管理科学与工程"专业博士。2004年首批通过建设部一级建造师认证。

自参加工作以来，他先后直接参与过内蒙古包头黄河大桥、伊拉克摩苏尔五桥、京津塘高速公路天津高架桥、埃塞俄比亚首都亚的斯亚贝巴环城路等项目的施工、经营和管理工作，并做出了突出贡献，是中国交通建设集团公路一局的主要骨干，是我国建造师的杰出代表。

在二十多年的工作实践中，他曾从事过工程财务管理、物资管理、工程施工、项目经营管理等多方面工作。多年在施工一线的摸爬滚打使他熟练地掌握了项目管理的各项方法和技巧，也造就了他果断、坚韧、勇于创新、敢于较真、注重细节的品质。

1985年至1988年，在伊拉克摩苏尔五桥项目工作时，他用很短的时间使自己从根本不懂国际贸易成长为能独立出色完成该项目数千万美元物资采购任务的行家。他想别人之不敢想，成功地办理过公路一局历史上第一次对外商的采购合同索赔。

1988年至1992年，在京津塘高速公路天津高架桥项目工作时，他敢于面对外国监理，善于运用合同条款，成功地办理变更索赔4000多万元，创造了公路一局历史上第一个低价中标而取得高额利润的项目管理案例。为此，1990年3月他被《中国青年报》头版头条报道称为"索赔专家"。

陆建忠不仅是一个经营方面的专家，还是一个管理方面的专家。一方面他善于组织调动多方面的积极性，另一方面他又善于抓住工程施工的关键环节，主持攻克过工程实施过程中一个又一个难题。京津塘高速公路是我国第一条利用世行贷款修建的高等级公路，在施工过程中引用了许多国外的先进技术，比如德国的"毛勒"桥梁伸缩缝。为了保证伸缩缝的安装质量，他亲自主持召集技术人员研究施工工艺，冒着8月份的炎热天气和技术施工人员一道盯在现场，终于成功地完成这道新课题。"毛勒"伸缩逢的成功安装不仅在当时为其他合同段作了示范，即便是在15年后的今天，乘车行驶在天津高架桥上的专业人士也还在佩服当时的安装质量。正因为类似许多课题的成功实践，京津塘高速公路获得中国工程建设最高奖"詹天佑土木工程奖"。1996年12月，陆建忠因参加《京津塘高速公路工程建设成套技术》课题而荣获交通部科技进步特等奖。

中国路桥集团截至目前最大的海外工程项目——埃塞俄比亚首都亚的斯亚贝巴环城路于1998年3月中标，原合同价6725万美元，变更后达10800多万美元，由英国PARKMAN公司监理。亚环路项目因其特殊的地理位置（相当于北京的二环路）及其对亚市城市功能发挥的作用而被认为是亚市迈向现代化的标志性工程，被誉为"埃塞第一路"。由于亚环路是我们在海外承建的第一个综合性市政工程和其他诸多内部组织方面的原因，亚环路项目开工近一年，完成的合同额还不足100万美元，工程处于极度被动局面。1998年12月底，陆建忠临危受命赴任该项目总经理，从重新编制施工组织设计开始，组织落实各项资源配置，果断调整总体施工程序，提出了"背水一战"的口号。他带领全体中埃员工（高峰时中方人员100多人，埃方当地雇员1800多人）攻克了管道预制安装、采石轧石、桥梁深沟高墩施工、混凝土路缘石和新泽西护栏的摊铺、照明工程等诸多技术难题，解决了中外文化差异所造成的诸多矛盾，终于扭转了被动局面。2002年1月，中国外交部长唐家旋和亚市市长阿布·阿卜杜拉为亚环路1A段通车剪彩。之后2002年7月1B段交工，2003年4月2A、2B段交工，亚环路建设取得全面胜利。亚环路项目的成功实施树立了中国公司的形象、中国人的形象，促进了中埃、中非友谊，为我国企业实施"走出去"战略树立了典范。

参加工作20多年来，陆建忠一直锐意进取，争做表率，多次获局"优秀青年技术专业干部"、"优秀共产党员"等荣誉称号，1992年荣获"全国交通系统八十年代优秀大学毕业生"称号。他曾经兼任公路一局项目经理培训中心主任，特别注重项目经理的执行力培养，受他的影响，有许多项目经理在各自的工作中取得了显著的成绩。自2002年底，他兼任公路一局海外事业部总经理以来，一年的时间他就扭转了过去多年海外项目严重亏损的局面，实现了扭亏为盈。

这就是优秀的中国建造师代表——中国交通建设集团公路一局总经济师陆建忠。

（中国交通建设集团公路一局办公室供稿）

反映改革进程 探索未来方向——评《中国建筑业改革与发展研究报告（2005）》

由建设部、国家发改委、财政部、劳动和社会保障部、商务部共同制定的《关于加快建筑业改革与发展的若干意见》（建质[2005]119号）强调，加快建筑业改革与发展的目标是：适应扩大对外开放的要求，按照我国入世承诺，建立健全现代市场体系，创造公平竞争、规范有序的建筑市场环境；加快国有建筑业企业制度创新，增强企业活力和市场竞争力，培育具有国际竞争力的大型企业集团；大力推进建筑业技术进步，走新型工业化道路，提高建筑业节地节能节水节材水平；完善工程建设标准体系，建立市场形成造价机制；改革建设项目组织实施方式，提高政府投资项目建设的市场化程度，提高固定资产投资的综合效益；进一步转变政府职能，完善工程建设质量、安全监管机制，更好地发挥建筑业在国民经济发展中的支柱产业作用。

为更好地贯彻《若干意见》，进一步促进建筑业企业改革的健康发展，反映建筑行业的状况并对行业未来的发展方向展开研究和探讨，建设部工程质量安全监督与行业发展司和建设部政策研究中心组织众多专家学者编写了本书。本书围绕"市场形势变化与企业变革"这一主题进行编写，分析影响建筑市场变化的最主要因素，研究企业在这些变化中已经采取和将要采取的应对措施和企业制度、组织、管理等方面的相应变革。以广义的工程建设活动为对象展开阐述，对"建筑业"和"勘察设计业"分别考察，以此为基础，展开对于建筑业、勘察设计咨询业等相关多产业的广视角回顾、展望和研究。

本书的编写是以建设部质量安全监督与行业发展司、建筑市场管理司组织，由建设部政策研究中心、清华大学、中建一局发展股份有限公司等单位完成的部分课题以及同济大学建筑设计研究院、中国联合工程公司、西安建筑科技大学等单位完成的一系列研究成果为基本素材加以编撰。本书特点之一是资料非常丰富。书中提供了近年来反映建筑业产业规模的各种数据，从中可以清楚地了解我国建筑业的发展现状。此外，还提供了国际、国内建筑市场的重要信息，这些资料对于更好地了解目前建筑业的现状是非常重要的。特点之二是专家的深入分析。根据我国建筑业的发展现状，归纳出产业发展需要解决的问题，在此基础上，深入分析了建筑业结构性变革的方式、企业经营能力重塑中的战略选择问题和核心竞争力问题及企业制度与管理变革的新思路，内容全面，从各个角度全方位探讨了建筑业企业改革的发展趋势与对策。这些分析对企业今后的定位有着很好的指导作用。特点之三是企业分类明确。分别对勘察与设计企业进行分析，并在分析中提供了各类企业的实例分析，不同企业均能找到适合自己的内容，同时还可借鉴国外同类企业的发展经验。本书对于建筑企业领导层及管理人员确定企业定位、制定近期及远期规划、建立适合的企业制度等均有重要的参考价值。

本社书号：13720，16开，2005年9月出版，定价：38元

《建造师执业手册》
——装饰装修工程

该手册共分五章，以一、二级建造师《装饰装修工程管理与实务》及考试大纲为线索，涵盖了《装饰装修工程管理与实务》的所有内容，系统全面地介绍了与装饰装修工程有关的设计、材料、施工、质量检验与验收、施工质量通病防治、竣工验收备案、现场安全文明施工管理、装饰装修工程施工组织设计与进度计划编制方面的内容，现行装饰装修法规、涉及装饰装修强制性条文相关内容。编制该手册的目的是：除了满足装饰装修施工管理的专业技术人员进行建造师执业资格考试复习以外，最重要的是在考试后可作为日常工作中必备的工具书。该手册在编写中，收集了大量最新的有关材料方面的国家规范，结合现行国家有关规范对施工质量验收及相关表格的填写，进行了详尽的介绍和举例，对装饰装修工程的施工组织设计中关于网络计划的编制和计算进行了系统的讲解和举例。

该手册是考生复习考试阶段不可缺少的辅导用书，更是以后作为工程技术人员在日常工作中和继续学习时重要的参考资料。

（书号 13499，定价：99元）

《建造师执业手册》
——铁路工程

本书为建造师执业必备手册。全书以全国一级建造师执业资格考试大纲（铁路工程专业）要求的内容为线索进行编写，内容包括铁路工程技术、铁路工程项目管理实务、铁路工程建设法规和相关知识三大部分。在此基础上，考虑到可作为建造师执业时手边随时翻阅的参考书，手册在选材和编排上作了必要的扩充。补充了一些相关的专业基础知识和概念，编入了一些工程实用的重要内容和资料，增强了实用性。另外，在各章节后附有大量的参考试题，可以帮助读者了解和掌握一些常用和重要的知识点。

本书既可供考生复习使用，又可供铁路建设者在实际工作中参考使用。

（书号 13865，定价：85元）

《工程项目管理案例分析》

案例分析题是全国建造师等执业资格考试的重点和难点，综合性和实践性较强，是考生普遍认为没有把握的部分，加强这方面的训练很有必要；另一方面，在从业人员岗位培训、继续教育，以及大中专院校相关技能教育过程中，案例教学法也往往能起到事半功倍的效果。基于以上两点，有了这本《工程项目管理案例分析》。本书包括冶炼、房屋建筑等专业共

241个案例，涵盖了施工组织设计技术与管理、施工进度控制技术与管理、施工质量控制技术与管理、工程成本控制技术与管理、工程项目合同控制技术与管理、工程项目施工安全控制技术与管理、工程项目施工现场控制技术与管理、工程项目施工事故处理技术与管理等方面的内容。每个案例均源自实际工程，均包括案例背景、问题及分析三部分。本书可作为参加全国建造师（冶炼、房屋建筑、机电安装及相关专业）、造价工程师、监理工程师等执业资格考试人员的复习用书，也可作为从事建造工作研究与实践的工程技术人员、大专院校师生的培训教材和参考资料。（书号 13844，定价26.00元）

《建设工程项目管理案例精选》

本书一共选录了28项建设工程的项目管理案例，其中包括施工项目管理规划案例12篇，施工项目过程管理案例16篇，均为北京地区各大建设企业从近十余年来施工的工程中精选出来的，代表了北京地区项目管理方面的最新状况和水平。

这些案例的选择有以下特点：以实用为目的，突出施工项目管理规划和施工项目过程项目管理两大重点，并以此进行案例分类，同时注重实事求是，且案例所反映的工程都是成功的，以便对读者有更多的参考价值。

本书突出建设工程项目管理规划和建设工程项目过程管理两大重点，并对案例进行分类，使读者既能读到这两大方面的经典案例，又能从中观察到两者密不可分的关系：前者是后者的必须依据，后者是前者的实践和实施结果。

编写本书的目的是给建筑业同行提供一份进行建设工程项目管理的参考读物，从中找到可以学习的项目管理做法，领悟到如何进行类似建设工程的项目管理。

（北京统筹与管理科学学会 编著 定价：85元）

建造师执业资格考试系列丛书

本社书号	书名	定价
一级建造师执业资格考试大纲		
11700	房屋建筑工程专业	8元
11701	公路工程专业	8元
11702	铁路工程专业	8元
11703	民航机场工程专业	8元
11704	港口与航道工程专业	8元
11705	水利水电工程专业	8元
11706	电力工程专业	8元
11707	矿山工程专业	8元
11708	冶炼工程专业	8元
11709	石油化工工程专业	8元
11710	市政公用工程专业	8元
11711	通信与广电工程专业	8元
11712	机电安装工程专业	8元
11713	装饰装修工程专业	8元
全国一级建造师执业资格考试用书		
11714	房屋建筑工程管理与实务	35元
11715	公路工程管理与实务	44元
11716	铁路工程管理与实务	33元
11717	民航机场工程管理与实务	29元
11718	港口与航道工程管理与实务	43元
11719	水利水电工程管理与实务	38元
11720	电力工程管理与实务	37元
11721	矿山工程管理与实务	36元
11722	冶炼工程管理与实务	30元
11723	石油化工工程管理与实务	43元
11724	市政公用工程管理与实务	23元
11725	通信与广电工程管理与实务	30元
11726	机电安装工程管理与实务	40元
11727	装饰装修工程管理与实务	29元
11728	建设工程经济	27元
11729	建设工程项目管理	31元
11730	建设工程法规及相关知识	24元
11731	建设工程法规选编	47元
全国一级建造师执业资格考试辅导		
13379	建设工程经济复习题集（修订增补本）（含光盘）	50元
13380	建设工程项目管理复习题集（修订增补本）（含光盘）	53元
13381	建设工程法规及相关知识复习题集（修订增补本）（含光盘）	46元
11741	房屋建筑工程管理与实务复习题集	50元
11743	铁路工程管理与实务复习题集	35元
11744	水利水电工程管理与实务复习题集	50元
11745	电力工程管理与实务复习题集	38元
11746	矿山工程管理与实务复习题集	38元
11747	石油化工工程管理与实务复习题集	48元
11748	市政公用工程管理与实务复习题集	46元
11749	机电安装工程管理与实务复习题集	40元
11750	装饰装修工程管理与实务复习题集	43元
11788	公路工程管理与实务复习题集	49元
11786	冶炼工程管理与实务复习题集	30元
建造师（房屋建筑工程专业）考前培训辅导教材		
12706	房屋建筑工程经济	46元
12707	房屋建筑工程项目管理	39元
12708	房屋建筑工程施工	53元
12709	房屋建筑工程技术	38元
12683	房屋建筑工程法律法规及相关知识	26元
执业资格考试丛书		
11742	建造师（水利水电工程专业）考试复习题解	50元
12617	全国一级建造师考试（房屋建筑工程专业）实战训练题集	26元
11787	全国一级建造师考试 建设工程法规及相关知识重点内容解析	28元
二级建造师执业资格考试大纲		
11751	房屋建筑工程专业	7元
11752	公路工程专业	7元
11753	水利水电工程专业	7元
11754	电力工程专业	7元
11755	矿山工程专业	7元
11756	冶炼工程专业	7元
11757	石油化工工程专业	7元
11758	市政公用工程专业	7元
11759	机电安装工程专业	7元
11760	装饰装修工程专业	7元
全国二级建造师执业资格考试用书		
11761	房屋建筑工程管理与实务	36元
11762	公路工程管理与实务	36元
11763	水利水电工程管理与实务	35元
11764	电力工程管理与实务	31元
11765	矿山工程管理与实务	31元
11766	冶炼工程管理与实务	27元
11767	石油化工工程管理与实务	33元
11768	市政公用工程管理与实务	30元
11769	机电安装工程管理与实务	38元
11770	装饰装修工程管理与实务	33元
11771	建设工程施工管理	39元
11772	建设工程法规及相关知识	30元
11773	建设工程法律法规选编	59元
全国二级建造师执业资格考试辅导		
11776	房屋建筑工程管理与实务复习题集	44元
11777	公路工程管理与实务复习题集	43元
11778	水利水电工程管理与实务复习题集	33元
11779	电力工程管理与实务复习题集	40元
11780	矿山工程管理与实务复习题集	31元
11781	冶炼工程管理与实务复习题集	19元
11782	石油化工工程管理与实务复习题集	23元
11783	市政公用工程管理与实务复习题集	30元
11784	机电安装工程管理与实务复习题集	23元
11785	装饰装修工程管理与实务复习题集	41元
11774	建设工程施工管理复习题集	46元
11775	建设工程法规及相关知识复习题集	32元
建造师执业手册		
13959	建设工程项目管理（附光盘）	3月底出版
13997	建设工程经济	3月底出版
	建设工程法规与相关知识	近期出版
14063	房屋建筑工程	4月底出版
13865	铁路工程	85.00元
14052	水利水电工程	4月底出版
	机电安装工程	近期出版
13499	装饰装修工程	99.00元

征稿启事

为使本丛刊内容更加丰富，也使内容更加贴近建造师，更好地为中国建造师服务，现面向全国建设行业的专家、学者、公务员、教师以及广大一线实践者征集有关建造师考试、执业、注册、继续教育和其他专业方向的稿件，内容应涉及：

"建设工程经济"；

"建设工程项目管理"；

"建设工程法规及相关知识"；

"各专业工程的施工技术、施工管理实务及相关法规"的学习心得、研究成果、前沿知识、经验总结、案例分析等，具体栏目请参见本丛刊目录页，一经采用，我们都将给予相应稿费（也可以用您需要的我社出版的图书替代）。

重点征集建设工程案例，要求阐述具体，分析尽量透彻。

来稿发表后，我编辑部将免费提供《建造师》给您。

来稿要求所提供材料为自己拥有著作权的稿件，否则由此引起的法律和相关问题由提供者本人负责。随稿件同时提供作者联系方法、身份证号码（以便领取稿费时使用），其他事项请届时注意我社其他相关通知。来稿一律不退，请作者自留底稿，以便查证。

招聘启事

因工作需要，现面向全国公开招聘《建造师》编辑，具体要求如下：

1．本科学历以上，土木工程、工民建或工程管理相关专业毕业；

2．有较高的思想政治素养和良好的职业道德，遵纪守法，服从领导，廉洁自律；

3．三年以上工作经历，主要从事工作为建设工程施工、工程管理、工程咨询等，或建设工程相关专业编辑出版工作；

4．有一定的文字功底，文笔好更佳，与人沟通能力强；

5．有一定的英语阅读能力；

6．有较强的策划能力，有杂志等媒体相关工作经历更佳；

7．年龄在35周岁以内（或者退休的专业编辑），身体健康；

8．户口不限，工作地点在北京，北京户口更佳。

招聘工作即日开始，请将本人简历（附个人生活照片一张，简历内容叙述一定要真实，工作描述要求切实）投递至：

北京百万庄中国建筑工业出版社 《建造师》编辑部收　电话：010-58934828
邮编：100037　　　或 E-mail：jzs@cabp.com.cn　传真：010-58934833

另外，因工作需要，现面向全国寻求合作单位，有意者请直接联系。

欢迎加盟"建造师俱乐部"

一、俱乐部定位

"建造师俱乐部"由中国建筑工业出版社组建。目的是更好地回报关心我国建造师执业资格制度的广大读者朋友，为了更好地服务于建造师，为建造师提供信息交流的畅通渠道，营造良好的互动沟通平台与环境。

中国建筑工业出版社作为建设部直属的中央一级科技出版社，历史悠久，在行业内享有较高声誉，具有雄厚的人力资源和信息资源优势。建设部并授权中国建筑工业出版社独家出版发行一级建造师14个专业，二级建造师10个专业执业资格考试大纲和考试用书及《建造师》丛刊。在此基础上组建的"建造师俱乐部"，必将集权威性、知识性与服务性于一体。

二、入会要求：

1. 获得"全国一级建造师执业资格"的人员与获得"全国二级建造师执业资格"的人员；或需要了解和掌握建造师执业资格方向的政策与知识，需要向建造师执业方向发展及建造师执业管理的专业人士；以及购买《建造师》丛刊，并愿意长期关注的读者；

2. 申请入会会员需有时间、有精力、热心参与俱乐部组织的相关活动，积极响应俱乐部的号召，为行业发展和俱乐部的发展建言献策；

3. 按要求认真填写会员信息，以便俱乐部更好地为会员服务；

4. 目前报名参加免交会费，欢迎大家尽早报名。

三、基本活动：

1. 每年将围绕中国建造师执业形势和行业发展，组织或合办论坛、研讨会等各类活动；组织行业专家和政府主管部门领导为建造师提供执业必需的信息，如编撰行业发展报告、各专业方向的发展报告、就业指数等；俱乐部将邀请会员参加上述活动并提供配套信息服务；

2. 依托中国建筑工业出版社各地连锁店，建立建造师俱乐部各省市分部，平时以各省市分部组织活动，建立正常交流场所；

3. 积极与各大集团企业联合组织建造师招聘活动，为建造师施展才干提供广阔舞台；

4. 《建造师》丛刊将定期面向俱乐部会员组织论文。

四、优惠服务与会员管理

1. 优惠订购《建造师》（目前加入的会员可以享受8折优惠）；

2. 享有向《建造师》推荐文章并在同等条件下的优先发表权；

3. 参加俱乐部组织各行业相关会议、论坛、培训等收费活动，享有折扣优惠；

4. 不定期免费获得行业发展报告；

5. 俱乐部组织的招聘对会员免费发布信息；

6. 提供建工版相关图书的书讯；

7. 中国建筑工业出版社出版发行的相关图书免费寄送，量大者享受较大的优惠折扣；并且每次购书在100元以上的享受积分，积分值与消费人民币元数等值，当积分达到5000分时返1%，当积分达到1万分时再返1%，当积分达到5万分时再返1%，当积分达到10万分时再返1%，当积分达到50万分时再返1%。积分返点可以继续用于购买书籍，返点购买书籍时继续参加积分。每次购书在100元以下的不享受积分；

8. 在各地建造师俱乐部分部活动场所消费享受优惠折扣；

9. 为每一位会员设立档案，统一管理，对优秀会员将予以奖励表彰；

10. 其他优惠将根据活动不断增加。

活动发布网站：www.coc.gov.cn   www.cabp.com.cn

邮寄地址：北京百万庄中国建筑工业出版社　《建造师》编辑部（收）

邮编：100037　　E-mail：jzs@china-abp.com.cn